BOTANIQUE

ÉLÉMENTAIRE

Par L. CUSIN

Aide-Naturaliste au Jardin botanique de Lyon,
Secrétaire général de la Société d'Horticulture pratique du Rhône,
Secrétaire de la Société pomologique de France.

*Ubi amatur,
Ibi non laboratur...*

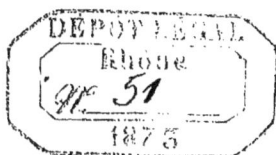
A LYON

CHEZ CLAIRON-MONDET, LIBRAIRE

Place Bellecour, 8

—

1875.

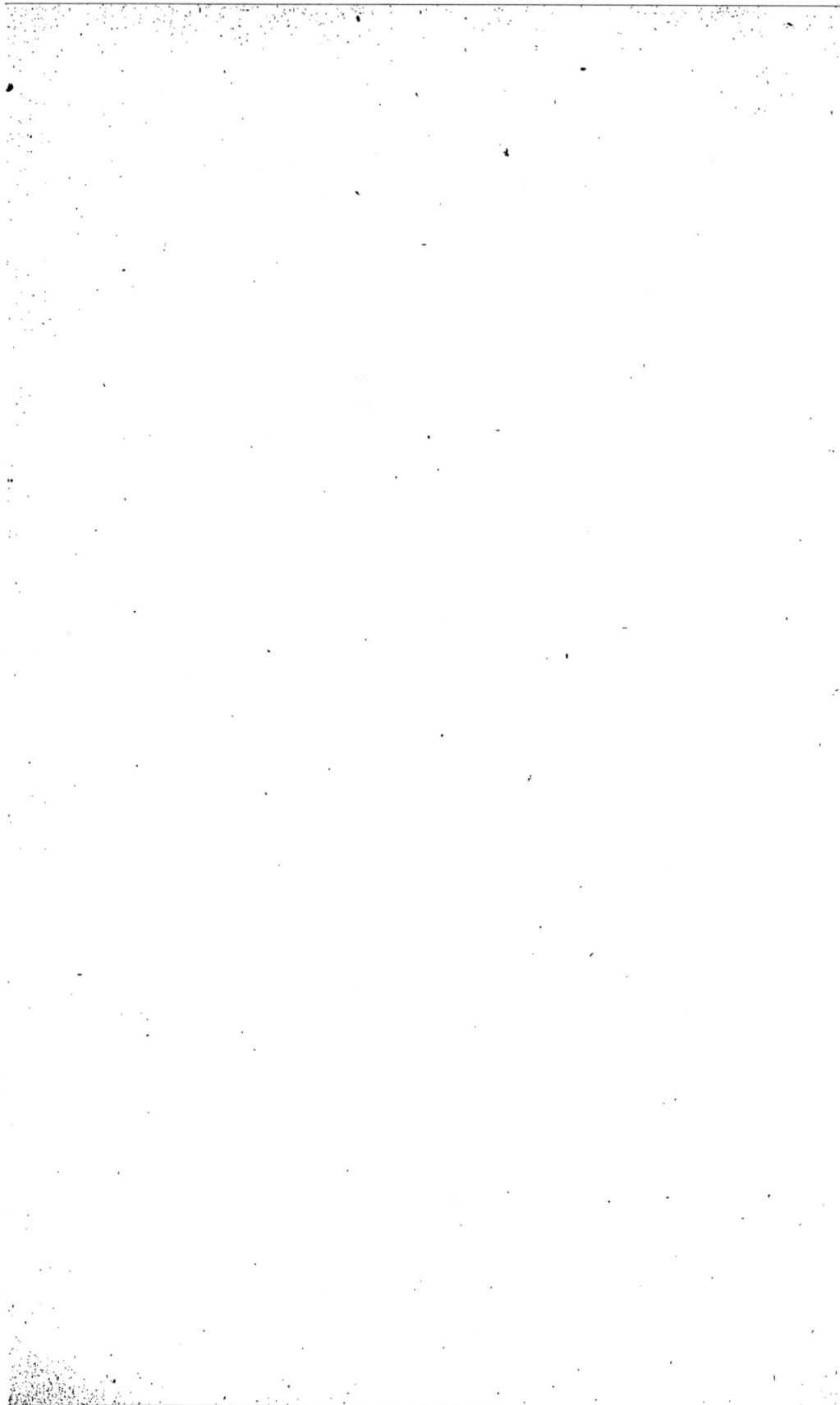

BOTANIQUE

ÉLÉMENTAIRE

~~~~

PREMIÈRE PARTIE.

ORGANOGRAPHIE VÉGÉTALE.

L'Organographie végétale s'occupe de décrire et de dénommer les organes des végétaux.

Nous nous occuperons spécialement des organes visibles, en disant un mot des organes microscopiques composant les tissus (Anatomie), et sans examiner les modifications successives des organes depuis leur apparition jusqu'à leur entier développement (Organogénie).

1

Tableau synoptique des organes.

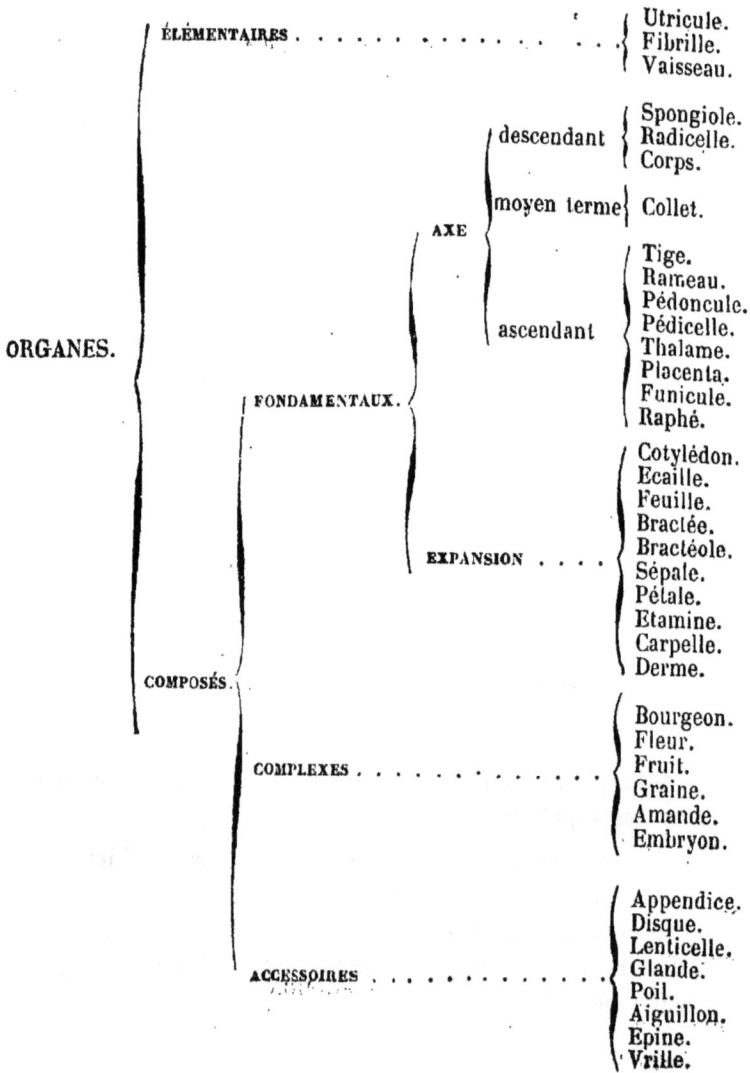

```
                    ÉLÉMENTAIRES . . . . . . . . . . . . . . .  { Utricule.
                                                                 { Fibrille.
                                                                 { Vaisseau.

                                                     descendant  { Spongiole.
                                                                 { Radicelle.
                                                                 { Corps.

                                           AXE      moyen terme  { Collet.

                                                                 { Tige.
                                                                 { Rameau.
                                                                 { Pédoncule.
                                                     ascendant   { Pédicelle.
                                                                 { Thalame.
                                                                 { Placenta.
                                                                 { Funicule.
                        FONDAMENTAUX.                            { Raphé.

ORGANES.                                                         { Cotylédon.
                                                                 { Écaille.
                                                                 { Feuille.
                                                                 { Bractée.
                                           EXPANSION . . . .     { Bractéole.
                                                                 { Sépale.
                                                                 { Pétale.
                                                                 { Étamine.
                                                                 { Carpelle.
                                                                 { Derme.
                        COMPOSÉS.
                                                                 { Bourgeon.
                                                                 { Fleur.
                        COMPLEXES . . . . . . . . . . .          { Fruit.
                                                                 { Graine.
                                                                 { Amande.
                                                                 { Embryon.

                                                                 { Appendice.
                                                                 { Disque.
                                                                 { Lenticelle.
                        ACCESSOIRES . . . . . . . . . .          { Glande.
                                                                 { Poil.
                                                                 { Aiguillon.
                                                                 { Épine.
                                                                 { Vrille.
```

CHAPITRE PREMIER.

ORGANES ÉLÉMENTAIRES.

Ces organes, invisibles à l'œil nu et qui constituent la matière agglomérée du végétal, forment les tissus ; ils sont de trois sortes : les Utricules, les Fibrilles et les Vaisseaux.

ART. 1er.

Utricules.

Les Utricules (Cellules) sont de petites vessies sans ouvertures connues, de grandeurs variées et de forme normalement sphérique, mais que la pression réciproque modifie. Leur ensemble constitue le Tissu Utriculeux (Parenchyme, Tissu cellulaire). Les bulles qui se forment à la surface de l'eau savonneuse agitée peuvent en donner une idée.

L'intérieur de chaque utricule est rempli d'un liquide transparent, plus ou moins visqueux, dans lequel flottent des globules de la nature de l'amidon. Ces globules, d'abord transparents eux-mêmes, se colorent bientôt le plus souvent en vert et quelquefois en d'autres couleurs. On leur a donné le nom de *Chlorophylle*.

Le plus souvent la membrane cellulaire ne reste pas mince ; elle s'épaissit, par intus-suception, et c'est ainsi que se forme plus particulièrement le *Ligneux*. Cet épaississement de la paroi, diminuant la cavité intérieure, peut finir par l'oblitérer.

Mais cet épaississement n'ayant pas toujours lieu uniformément dans l'épaisseur de la paroi cellulaire, et des solutions de continuité ayant lieu diversement, ces vides donnent certaines apparences aux utricules; c'est ce qui a fait dire que la surface des utricules peut être *lisse, ponctuée, rayée* ou *spiralée*.

On nomme *Méats* les petits intervalles que les utricules peuvent laisser entre elles, et *Lacunes* les grands intervalles.

On nomme *Stomate* (Pore évaporatoire) l'intervalle que laissent certaines utricules allongées de la peau extérieure (Cuticule) qui recouvre les végétaux. C'est généralement sous les stomates que se rencontrent les méats.

Art. 2.

Fibrilles.

Les Fibrilles sont des sortes d'utricules allongées en filaments, se soudant diversement entre elles par anastomose. Suivant leur apparence, on les dit : *lisses, ponctuées, rayées, étranglées*; il en est même qui après rupture se déroulent en tire-bouchon; on les nomme *Trachées*. Ces apparences sont dues au même phénomène d'épaississement des parois, ainsi que nous l'avons dit pour les utricules; les étranglements correspondent au point de soudure de plusieurs utricules constituantes.

Les Fibrilles, se soudant entre elles directement, ou par le moyen des utricules, forment les *Fibres*, et les fibres constituent le Tissu fibreux (Tissu vasculaire, Prosenchyme).

Art. 3.

Vaisseaux.

Sous ce nom nous n'entendons pas parler des fibres, mais des organes que l'on n'a observés que sur un nombre restreint de végétaux, et que l'on a désignés sous le nom de *Vaisseaux du latex* ou *laticifères*.

Ce sont des tubes allongés, très étroits, ne provenant pas de transformation d'utricules, et formant des réseaux plus ou moins compliqués. Ils contiennent une sève tout élaborée, connue sous le nom de *Suc propre* (le lait des Euphorbiacées).

CHAPITRE DEUXIÈME.

Les organes composés sont les membres du végétal constitués par le tissu utriculeux, ou par les tissus utriculeux et fibreux réunis.

Nous les divisons en *fondamentaux*, *complexes* et *accessoires*.

ART. 1er.

Organes composés fondamentaux.

Ces organes sont de deux sortes, nous les désignons sous les noms de : *Axe* et *Expansion*. L'axe, qui sert de support aux autres organes; les expansions, qui sont des épanchements au dehors de la substance de l'axe.

§ 1er — AXE.

Dans l'axe du végétal on distingue facilement deux parties : l'une, qui tend vers le centre de la terre suivant la loi de gravitation, c'est le Caudex descendant (Racine); l'autre, qui croît en sens contraire, qui se couvre d'expansions, c'est le Caudex ascendant (Axe aérien).

Le point de jonction entre les deux caudex s'appelle *Collet* ou *Nœud vital*.

1° AXE DESCENDANT. — La racine est l'organe ordinairement souterrain qui tient à la base de l'axe ascendant et croît de haut en bas et seulement par ses extrémités inférieures.

On peut distinguer en elle trois parties :

1° Le *Corps*, l'axe principal et ses principales divisions;

2° Les *Radicelles* (Chevelu), les ramifications ténues;

3° Les *Spongioles*, utricules nouvelles et délicates qui terminent les radicelles.

La racine naît souvent à nu ; parfois cependant elle naît enveloppée d'une membrane qu'elle perce et qui s'appelle *Coléorhize*. Exemples : Radis, Blé.

Certaines plantes développent sur quelques parties de leur tige, des sortes de racines qui permettent à ces plantes de se cramponner aux corps voisins, et, en même temps, de humer l'humidité (*plantes fausses-parasites*, le Lierre), ou la sève des autres végétaux (*plantes parasites*, la Cuscute).

Les racines sont appelées :

1" Relativement à la durée,

Annuelles (Cerfeuil).
Bisannuelles (Carotte).
Vivaces (Guimauve).

2° Relativement à la direction ,

Pivotantes (Carotte).
Horizontales ou traçantes (Mûrier).

3° Relativement à la forme ,

Fusiformes (Navet).
Rapiformes (Petite-Rave).
Tubéreuses (Dahlia).

4° Relativement à la consistance ,

Charnues (Rave).
Ligneuses (Chêne).

5° Relativement à la configuration ,

Simples (Scorsonère).
Ramifiées (Groseillier).
Fibreuses (Porreau).
Rongées (Scabieuse, Succise).
Fasciculées (Chervis).

6° Relativement à l'origine ,

Embryonnaires (celles de toutes plantes provenant d'une
graine).
Adventives (celles de toutes plantes provenant de bouture).

7° Relativement au milieu dans lequel elles vivent ,

Aquatiques (Hippuris).
Aériennes (Vanille).
Souterraines (le plus grand nombre).

2° AXE ASCENDANT. — L'axe ascendant est celui qui s'élève
à partir du collet et porte les organes expansionnaires ; il
s'allonge pendant la première année d'existence sur toute la
longueur produite.

Considéré à des hauteurs diverses , l'axe ascendant porte les
différents noms que nous avons énumérés dans le précédent
tableau, savoir :

1° *Tige.*

On nomme ainsi la partie principale de l'axe ascendant,
celle qui touche au collet. Elle existe toujours , mais elle est
parfois tellement contractée qu'elle semble n'être pas , c'est
pourquoi certaines plantes sont dites improprement : *Acaules*
(Dent-de-lion).

Si l'on examine les tiges dans leur organisation intérieure ,
on trouve dans les unes une constitution, dans les autres une
autre. Comme ces deux modes de constitution correspondent à
deux modes de conformation dans les graines, nous allons dire
quelques mots de l'organisation de la tige des plantes dicotylédonées et des plantes monocotylédonées.

NOTA : 1° Nous dirons plus loin ce que l'on entend par plantes
dicotylédonées et par plantes monocotylédonées.
2° Quant à celles que nous désignerons sous le nom
d'acotylédonées, elles ont rarement de véritables
tiges, leur structure spéciale nous est d'ailleurs peu
connue.

De l'organisation de la tige dans les Dicotylédonées.

Trois parties distinctes constituent ces tiges, savoir :
L'*Ecorce*, le *Bois* , la *Moelle*.

Ecorce. — On nomme Ecorce (Système cortical) la partie extérieure d'une tige , et qui s'accroît de dedans en dehors.

Pendant la première année d'existence, la surface est constituée par une membrane utriculeuse, fraîche, mince et transparente , nommée *Cuticule*. Pendant cette année, la *Cuticule* s'accroît constamment en longueur et en largeur.

Au-dessous se trouvent une ou plusieurs couches d'utricules colorées en vert ordinairement; c'est l'*Enveloppe herbacée*.

Au-dessous encore, sont des couches de fibres et d'utricules, qu'on peut souvent séparer en lames assez minces (Tilleul); elles ont reçu le nom de *Liber*.

La seconde année d'existence d'une plante qui va devenir ligneuse, il se forme une nouvelle couche d'écorce à la surface interne de la première et à laquelle elle s'unit intimement. Cette seconde couche non-seulement tapisse la face interne de la première , mais encore se prolonge au-dessus d'elle. Ce prolongement, qui est de la première année d'existence, a sa cuticule. Chaque année ainsi de suite.

Ainsi, chaque année, l'écorce augmentant en épaisseur, force sa surface extérieure à se distendre, à se crevasser, à tomber et à disparaître. Ainsi d'abord, la cuticule se dessèche et tombe, pour laisser aux couches sous-jacentes successivement le rôle de corps isolant , sous le nom d'*Epiderme*.

Nota : Il y a des cuticules qui persistent plusieurs années (Chêne).

Bois. — On nomme Bois la partie fibro-utriculeuse placée sous l'écorce, et qui s'accroît de dehors en dedans.

La première année elle est herbacée, formée de fibres plus ou moins parallèles, unies entre elles par des utricules.

La deuxième année, cette couche se durcit davantage, et, à sa face externe (celle qui touchait à l'écorce), il se forme une nouvelle couche organisée comme la première, qui l'emboîte et se prolonge au-dessus d'elle pour former alors une couche de première année. Chaque année, ainsi de suite, se forme une série de cônes s'emboîtant les uns sur les autres. Avec l'âge, les couches les plus centrales acquièrent une plus grande dureté et souvent une autre coloration ; on peut alors les grouper en deux catégories : les plus intérieures, sous le nom de *Cœur de bois* (Bois parfait) et les plus extérieures, sous celui d'*Aubier* (Bois imparfait).

Moelle. — On donne ce nom à certains amas utriculeux disposés dans le bois.

La première année d'existence, un cylindre utriculeux se forme au centre du bois sous le nom de *Moelle centrale* (la couche de bois qui l'environne s'appelle *Etui médullaire*). De cette moelle centrale partent des lignes d'utricules serrées ; ces lignes vont jusqu'à l'écorce et ont reçu le nom de *Moelle rayonnante* (Rayons médullaires).

La deuxième année, une nouvelle couche de bois se formant, cette nouvelle couche est tapissée intérieurement d'utricules médullaires dont l'ensemble prend le nom de *Moelle circulaire*. De nouvelles lignes rayonnantes s'établissent pour mettre en communication cette nouvelle moelle avec l'écorce ; et ainsi de suite chaque année.

En résumé :

TIGE DES DICOTYLÉDONÉES.	Ecorce.	Cuticule (*puis* Epiderme).
		Enveloppe herbacée.
		Liber.
	Bois.	Aubier.
		Cœur de bois.
	Moelle.	centrale.
		circulaire.
		rayonnante.

De l'organisation de la tige dans les Monocotylédonées.

Dans ces sortes de tiges on ne trouve pas les deux systèmes de couches concentriques que nous venons d'expliquer. Il n'y a pas d'écorce proprement dite; ici ce sont les bases persistantes des expansions qui remplissent les fonctions de cuticule et d'épiderme. Il n'y a pas de couches par emboîtement, pas de moelle régulièrement placée; conséquemment la coupe transversale ne présente pas de cercles concentriques, mais seulement une masse fibro-utriculeuse, dont les fibres, plongées dans la masse des utricules, sont plus abondantes à la circonférence qu'au centre.

Du reste, l'organisation des plantes de cette catégorie est bien moins connue que celle des végétaux dicotylédonés. En outre, ces plantes à l'état ligneux n'appartiennent pas à notre région (Palmiers, Cocotiers, Cycas).

NOTA : Les diverses modifications que nous venons d'énumérer pour les tiges, se présentent aussi bien dans les rameaux et dans les racines.

On dit que les tiges sont :

1° Relativement à la durée,

Annuelles (Hélianthe annuel).
Bisannuelles (Choux).

2° Relativement à la texture ,

Fibreuses (Arbres).
Charnues (Cierges).
Succulentes (Balsamines).
Pleines (le plus grand nombre).
Fistuleuses (Graminées).
Spongieuses (Joncs).
Herbacées (Epinard).
Sous-ligneuses (Œillet).
Ligneuses (Lilas, Chêne).

3° Relativement à la forme ,

Cylindriques (Lilas).
En plateau (Oignons).
Ovoïdes (quelques Cierges).
Turbinées (quelques Mamillaires).
Triangulaires (quelques Souchets).
Quadrangulaires (Sauges).
Comprimées (Paturin comprimé).
Cannelées (Carottes).
Striées (Jonc glauque).
Ailées (Scrofulaire aquatique).
Renflées (Renouée d'Orient).
Articulées (Œillets).
Sarmenteuses (Vignes).

4° Relativement à la surface ,

Chauves, glabres (Epinard).
Rudes (Houblon).
Poilues (Scabieuse des bois).
Aiguillonnées (Rosiers).
Glanduleuses (certains Rosiers).
Visqueuses (Sauge glutineuse).
Lenticellées (Bourdaine).
Cicatrisées (Vaquois).

5° Relativement aux ramifications .

Simples (Lin).
Rameuses (tous nos arbres).

6° Relativement à la direction ,

Droites (Lin).
Flexueuses (Aconit paniculé).
Dressées (Chanvre).
Ascendantes (Persicaire).
Couchées (Lierre terrestre).
Rampantes (Fraisier du Chili).

Spiralées (Liseron des haies).

Grimpantes (Clématite des haies).

7° **Relativement aux milieux ,**

Aériennes (la plupart).

Souterraines (Pommes de terre).

Aquatiques (Nénuphar).

Terminons en disant ce que l'on entend par : *Tronc, Stipe, Chaume, Stolon, Souche, Rhizome* et *Tubercule.*

1° On appelle *Tronc,* une tige ligneuse de dicotylédonée, dépourvue de branches jusqu'à une certaine hauteur (Chêne).

2° *Stipe,* une tige ligneuse de monocotylédonée (Palmier).

3° *Chaume,* une tige de graminée.

4° *Souche,* la tige rabougrie de certaines plantes vivaces (Primevère, Oreille-d'ours).

5° *Stolon,* une tige herbacée, rampante, s'enracinant de distance en distance (Fraisier).

6° *Rhizôme,* une tige charnue, souterraine, allongée horizontalement et portant des radicelles en dessous (Iris).

7° *Tubercule,* une tige souterraine, charnue, renflée (Pomme de terre).

2° *Rameaux.*

Les Rameaux (Branches) sont les divisions de la tige, dont elles ont la constitution ; comme elle, ils portent des feuilles.

Ils ont pour origine un bourgeon *axillaire* (placé à l'angle formé par la feuille et l'axe qui la porte), comme les tiges ont pour origine le bourgeon embryonnaire (placé dans la graine). Il suit de là que la tige constitue la première génération de la plante ; que les rameaux qui naissent immédiatement de cette tige sont de deuxième génération ; que ceux qui naissent sur ceux de deuxième génération sont de troisième génération, ainsi de suite.

Il est à remarquer, toutefois, qu'un rameau peut devenir tige, en le séparant du sujet pour le planter et en faire une nouvelle plante ; dans ce cas, l'ordre primitif des générations est changé pour constituer une nouvelle série.

De ce que les rameaux proviennent d'un bourgeon axillaire, il suit encore que la disposition des feuilles sur la tige détermine la position des rameaux.

Les rameaux peuvent mériter les diverses qualifications dont nous nous sommes servis pour les tiges ;

Ils peuvent être, en outre :

Alternes (Prunier).
Opposés (Lilas).
Verticillés (Laurier-rose).
Divergents (Vélar).
Pendants (Saule pleureur).
Fasciculés (Peuplier d'Italie).
Pseudotiges (Vigne).
Dichotomiques (Gui).
Faussement Dichotomiques (Benoite).

3° *Pédoncule.*

Le Pédoncule est cette partie de l'axe ascendant qui sert de support à un groupe de fleurs. Il porte des expansions que nous désignerons sous le nom de *Bractées.*

Lorsqu'il part directement d'une tige très contractée, on lui a donné le nom de *Hampe.*

Lorsqu'il est lui-même très contracté et élargi, de façon à porter les fleurs sur son plateau, on l'appelle *Réceptacle.*

4° *Pédicelle.*

Le Pédicelle est la partie de l'axe ascendant qui sert de support à une fleur. Il porte les expansions que nous désignerons sous le nom de *Bractéoles.*

La fleur qui n'est pas supportée par un pédicelle, est dite *sessile*.

5° *Thalame.*

Le Thalame ou Torus est la partie de l'axe qui est située au-dessus du pédicelle et qui sert de lit à la fleur et à ses enveloppes.

Il est le plus ordinairement contracté et en plateau ; il est cependant parfois assez allongé pour porter à diverses hauteurs les expansions florales (Silènes, Câpriers).

6° *Placenta.*

Le Placenta ou Trophosperme est la partie de l'axe, au-dessus du thalame, qui pénètre dans l'intérieur du fruit pour porter l'ensemble des graines.

Il peut affecter différentes formes et positions, ainsi que nous le verrons dans l'étude du fruit.

7° *Funicule.*

Le Funicule ou Cordon ombilical est une division du placenta, servant de support spécial à une graine.

Entre autres modifications qu'il peut adopter, il en est une principale nommée *Arille*. L'arille est le plus souvent une protubérance du funicule qui enveloppe tout ou partie de la graine (Fusain, Muscade).

8° *Raphé.*

On nomme Raphé le prolongement du funicule dans la graine, entre ses enveloppes. Ce prolongement plus ou moins sensible sera examiné dans l'étude de la graine.

§ 2ᶜ. — EXPANSIONS.

Les Expansions, adoptant diverses modifications, prennent les différents noms désignés dans le tableau, savoir :

1° *Cotylédons*.

Les Cotylédons sont une, deux ou plusieurs expansions plus ou moins charnues, les premières que développe l'axe rudimentaire du végétal dans la graine.

Ce sont ces cotylédons, leur axe et le bourgeon qui le termine qui forment ce qu'on appelle l'*Embryon*.

2° *Ecailles*.

Les Ecailles sont des expansions ou feuilles rudimentaires, ainsi nommées à cause de leur disposition qui ressemble en général à celle des écailles de poissons. Ce sont ces écailles qui, portées sur un axe plus ou moins contracté, constituent avec lui ce qu'on appelle un *Bourgeon*.

3° *Feuilles*.

Les Feuilles sont des expansions ordinairement vertes, aplaties, qui naissent sur les tiges et les rameaux.

Nous devons examiner principalement :

1° *Leur disposition.* — Les feuilles peuvent être alternes, opposées ou verticillées.

Elles sont alternes quand elles sont toutes placées à des hauteurs différentes (Pêcher).

Elles sont opposées, quand elles sont groupées par paire, deux feuilles en regard à la même hauteur (Lilas).

Elles sont verticillées, quand elles sont groupées en regard, à la même hauteur et en nombre de plus de deux (Garance).

L'opposition et le verticille, quoique constants dans les espèces, sont dus à des contractions d'axe, de distance en distance.

L'alternance est la position vraiment normale. Dans l'alternance, le point d'insertion est placé sur l'axe suivant une spirale cylindrique régulière, et le nombre des feuilles pour faire un tour est plus ou moins grand : dans le Tilleul, il est de deux, les feuilles consécutives sont à une demi-circonférence l'une de l'autre ; dans l'Aune glauque, il est de trois, les feuilles sont à un tiers de circonférence.

Dans ces deux cas, pour arriver d'une feuille à celle qui lui est superposée, il suffit de faire un tour de la spirale.

Dans d'autres cas, il faut faire plusieurs tours. Ainsi, dans le Cerisier-Pade, pour aller de la première feuille à la sixième qui lui est superposée, il faut faire deux tours, les feuilles consécutives sont donc à $\frac{2}{5}$ de circonférence. Pour parcourir les huit feuilles de la Joubarbe des toits, il faut faire trois tours ; les feuilles sont à $\frac{5}{8}$ de circonférence, etc. Cette spirale d'insertion est dite : *Spirale génératrice.*

On dit que les feuilles sont éparses, lorsque la spirale génératrice ne se distingue pas de prime-abord.

On nomme *Mérithalle* l'intervalle d'axe en hauteur qui sépare les feuilles.

2° *Leur composition.* — La feuille la plus complète se compose de trois parties : *Stipules, Pétiole* et *Lame.*

Les Stipules sont des appendices membraneux ou foliacés qui, dans beaucoup de plantes, sont à la base des feuilles.

Elles sont tantôt latérales, tantôt axillaires, tantôt latéro-axillaires.

Elles sont latérales, lorsque les deux appendices sont à droite et à gauche de la base de la feuille ; dans ce cas elles peuvent être : libres (Mauve), ou adhérentes à cette base (Rosier) ; ou bien encore, adhérentes à cette base et en même temps unies l'une à l'autre derrière l'axe (Angélique). Cette dernière disposition prend le nom de *Demi-gaîne.*

Elles sont axillaires, lorsqu'elles sont placées devant la base de la feuille, dans l'aisselle (Ligule des graminées).

Elles sont latero-axillaires, lorsqu'elles forment une manchette qui enveloppe tout le pourtour de l'axe (Renouée d'Orient). Cette disposition prend le nom de *Gaîne.*

Les Stipules ont aussi des développements, des formes, des consistances très-variées ; ainsi elles peuvent être :

Grandes ou petites.

Ecailleuses ou foliacées.

Unies d'une feuille à la feuille opposée (Houblon).

En épine (Câprier).

En vrille (Melon), etc., etc.

On nomme Pétiole la partie rétrécie de la feuille ; ce qu'on appelle vulgairement la queue.

Il peut être plus ou moins allongé, cylindrique, comprimé, canaliculé, etc., etc.

Lorsque le pétiole manque, la feuille est dite *sessile*.

La Lame (Limbe) de la feuille est la partie mince et évasée au sommet du pétiole. Elle présente deux surfaces : l'une *supérieure*, l'autre *inférieure*.

C'est dans la lame que l'on doit principalement remarquer la forme, la fibration et les découpures.

3° *Leur forme.* — Nommer les formes diverses des lames serait chose difficile.

Elles ressemblent : A des flèches (*Sagittaria sagittæfolia*).

A des aiguilles (*Juniperus communis*).

A des faux (*Rochea falcata*).

A des cheveux (*Ranunculus fluitans*).

A des boucliers (*Tropæolum majus*).

A des doloires (*Mesembrianthemum dolabriforme*).

A des sabres (*Mesembrianthemum acinaciforme*).

A des glaives (*Iris Germanica*).

A des cœurs (*Pontedera cordata*).

A des croissants (*Hedysarum Vespertilionis*).

A des spatules (*Globularia vulgaris*).

A des lyres (*Salvia lyrata*).

A des violons (*Rumex pulcher*).

A des lances, etc., etc.

2

4° *Leur Fibration.* — La Fibration (Nervation) est la disposition qu'affecte l'étalement des fibres dans la lame. Cette fibration se distingue facilement dans la plupart des feuilles dont elles forment le squelette, et dont les intervalles sont remplis par du tissu utriculeux, appelé : *Parenchyme.*

Trois dispositions principales se présentent :

Tantôt les fibres du pétiole s'étalent dans la lame parallèlement ou presque parallèlement ; feuille rectifibrée (Iris).

Tantôt les fibres principales, partant du pétiole, s'étalent en rayonnant comme les doigts d'une main ; feuille palmifibrée (Mauve).

Tantôt une fibre principale (*Fibre médiane*) partant du pétiole va au sommet de la lame, émettant à droite et à gauche sur sa longueur des fibres secondaires ; feuille pennifibrée (Orme).

5° *Leurs découpures et articulations.* — Les découpures sont les divisions plus ou moins profondes de la lame. Les articulations sont des parties de tissus où deux organes, d'abord continus, se coupent ou se séparent d'eux-mêmes et sans déchirement sensible, à une époque déterminée de leur vie.

On divise les feuilles en *feuilles simples* et en *feuilles composées.*

Les *Feuilles simples* sont celles dont la lame n'est pas articulée au sommet du pétiole, et qui conséquemment se détache et tombe avec lui.

Le pourtour de la lame peut être continu :

Feuille entière (Cornus sanguinea).

Son pourtour peut n'être pas continu :

Feuille dentée (*sinapis alba*),

Dentelée (*Solidago glabra*),

Crénelée (*Glechoma hederacea*).

Il peut même être profondément divisé en parties nommées *lobes.*

Feuille sinuée (*Verbascum sinuatum*),

Lobée, fide, partite, et, suivant la fibration, palmatilobée ou pennatilobée, palmatifide ou pennatifide, palmatipartite ou pennatipartite.

Les *Feuilles composées* sont celles dont la Lame est articulée sur le pétiole.

Le pourtour de la Lame peut être continu : Feuille composée entière (Oranger). Mais presque toujours il est découpé. Ces découpures prennent le nom de *Folioles*, leur support particulier celui de *Pétiolule*, les appendices de la base celui de *Stipelles*.

Suivant la fibration, les folioles peuvent être disposées à droite et à gauche le long du pétiole commun ou Rachis : feuille pennée (Robinier). Elles peuvent partir toutes du sommet du pétiole : feuille palmée (Marronnier).

Les divisions des divisions, dans les feuilles simples et les feuilles composées, s'indiquent par les particules *bi*, *tri*, etc. (bipennatifide, tripennée).

Encore quelques modifications des feuilles :

Le pétiole peut avorter, avons-nous dit : feuille sessile.

La lame peut aussi manquer parfois ; alors le pétiole s'élargit en ruban et prend l'apparence d'une lame étroite, appelée *Phyllode* (Acacie hétérophylle).

La feuille est parfois en forme d'écaille (Asperge), de gaîne (*Casuarina*), d'épine (Vinetier), de vrille (*Lathyrus aphaca*), etc.

Enfin les feuilles tombent le plus souvent, dans nos pays, après une année d'existence : feuilles caduques.

D'autres fois elles perdent leur vie sans se détacher : feuilles marcescentes (Chêne pédonculé).

D'autres fois elles vivent indéfiniment : feuilles persistantes (Arbres verts).

On donne enfin aux feuilles de nombreux qualificatifs suivant : leur situation, leur direction, leur surface, leur odeur, leur saveur, leur milieu de végétation. Tous ces qualificatifs auront leur explication dans le Dictionnaire.

4° *Bractées.*

Les Bractées sont des feuilles plus ou moins modifiées et portées sur les pédoncules.

Sur la même plante on peut suivre la série de modifications intermédiaires en forme, en grandeur, en couleur, que la feuille subit pour passer à l'état de bractée.

Comme les feuilles, elles sont sujettes à des métamorphoses et à des positions diverses.

Parfois, par la contraction du pédoncule qui les porte, elles sont resserrées les unes contre les autres, de manière à former une enveloppe générale à un groupe de fleurs : *Involucre, Involucelle* (*Astrantia*) (Composées).

D'autres fois, resserrées et soudées entre elles, elles forment ce qu'on appelle une *Cupule* (gland du Chêne).

D'autres fois, en petit nombre (1-2), elles ont une consistance membraneuse, atteignent de grandes dimensions et forment ce qu'on appelle une *Spathe* (Ail, Gouet).

Elles peuvent encore être en petit nombre (1-2), minces, sèches, souvent armées d'appendices en forme d'arêtes. Ce sont les *Glumes* aristées ou mutiques des graminées.

5° *Bractéoles.*

Les Bractéoles sont des sortes de bractées portées sur les pédicelles. Elles varient comme les bractées et forment parfois au-dessous de chaque fleur, par leur rapprochement ou même leur soudure, une sorte d'enveloppe externe que l'on a désignée sous le nom de *Calicule* (Œillet).

6° *Sépales.*

Les Sépales sont les expansions ordinairement vertes qui forment l'enveloppe extérieure de la fleur.

Ils sont ordinairement disposés en un verticille, quelquefois en deux (Buis), quelquefois encore en spires (Camellia).

Leur forme est variée; il en est même où le parenchyme ne se développant pas, les fibres seules constituent les Sépales en forme d'*Aigrette* (Composées) (Valériane).

L'ensemble des sépales d'une fleur prend le nom de *Calice*, qui peut être *régulier*, si les sépales sont tous de même forme, ou *irrégulier* s'ils sont de forme différente; qui peut être *dialysépale* (polysépale), si les sépales sont libres les uns des autres, ou *gamosépale* (monosépale), si les sépales sont unis entre eux; qui peut être enfin *libre*, s'il n'adhère pas aux autres verticilles floraux, ou *adhérent*, s'il leur adhère.

7° *Pétales.*

Les Pétales sont les expansions, colorées autrement qu'en vert, qui forment l'enveloppe intérieure de la fleur.

Comme les sépales, ils sont le plus souvent en verticille, quelquefois aussi en spires.

Chaque pétale présente deux parties : l'une à sa base, étroite, plus ou moins allongée, c'est l'*Onglet*; l'autre supérieure, élargie, c'est la *Lame*.

La forme des pétales est aussi très variée et leur ensemble constitue ce qu'on appelle la *Corolle*.

La corolle, comme le calice, peut être *régulière* ou *irrégulière*, *dialypétale* ou *gamopétale*, *libre* ou *adhérente*.

8° *Etamines.*

Les Etamines sont les expansions essentielles à la fleur et constituant l'organe mâle de la reproduction.

Elles sont disposées, comme nous l'avons dit pour les sépales et les pétales.

On distingue trois parties dans l'étamine : *Filet*, *Anthère* et *Pollen*.

1° Le *Filet*. C'est la partie inférieure, ordinairement mince et allongée, qui supporte l'anthère. Le filet est à l'anthère ce que l'onglet est à la lame d'un pétale. Le filet peut être tellement court que l'anthère est dite *sessile*.

2° L'*Anthère*. C'est l'organe qui surmonte le filet. Elle se compose ordinairement de deux poches, appelées *Loges*; quelquefois d'une seule (Lierre terrestre); plus rarement encore de quatre (Laurier) ou davantage. Ces loges d'abord sont closes, elles s'ouvrent lors de la fécondation; elles sont *déhiscentes*.

La déhiscence a lieu tantôt, et c'est le plus souvent, par une fente longitudinale, tantôt par une fente transversale (Mercuriale), tantôt par un trou au sommet (Morelles), tantôt par un trou à la base, parfois, enfin, par une sorte de battant, de bas en haut (Vinetier).

Les loges sont séparées l'une de l'autre par un corps, appelé *Connectif*, qui souvent semble être la continuation du filet, qui assez fréquemment en paraît bien distinct par sa forme, son articulation, etc. (Sauges).

La forme du connectif détermine certains modes de déhiscence :

Si le connectif est aussi épais du côté du centre de la fleur (la face), que du côté extérieur (le dos), la déhiscence est *latérale*.

Si le connectif est plus épais sur le dos que sur la face, la déhiscence est *introrse*.

Si le connectif est plus mince sur le dos que sur la face, la déhiscence est *extrorse*.

Il est à remarquer que parfois les anthères articulées sur le filet se renversent lors de la fécondation, ce qui fait paraître introrse ce qui est extrorse, et réciproquement.

3° Le *Pollen*. C'est cette poussière qui, d'abord renfermée dans les loges de l'anthère, s'en échappe au moment de la fécondation.

Chaque grain pollinique se compose d'une double enveloppe (*Endhyménine et Exhyménine*), rarement d'une seule, et d'un liquide mucilagineux appelé *Fovilla*.

Le plus souvent ces grains sont désagrégés en forme de poussière ; quelquefois cependant ils sont réunis, comme collés, en

masse que l'on appelle *Masse pollinique* (Orchidées, Asclé-
piadées).

L'ensemble des étamines constitue l'*Androcée* qui peut être
régulier ou irrégulier, dialystémone ou *gamostémone, libre* ou
adhérent.

Il peut arriver que quelques-unes des étamines avortent , et
sont réduites à leur filet qui peut même s'élargir et devenir pétaloïde; on désigne ces organes transformés sous le nom de *sta-
minodes* (Pentstémons).

9° *Carpelles.*

Les Carpelles (Pistil) sont des expansions essentielles à la fleur,
placées à son centre et qui en sont l'organe femelle.

Ils sont de forme, de structure, de soudure et de nombre
variés.

Le Carpelle étant constitué par une expansion que l'on appelle
Feuille carpellaire, et la feuille en général étant constituée en
épaisseur par trois couches distinctes de tissu : la cuticule en-
dessus, la cuticule en-dessous et le tissu fibro-utriculeux intermédiaire, il suit de cette constitution que la feuille carpellaire
présente également ces trois couches; mais ici ces trois couches
sont encore plus distinctes (Pêche) : la cuticule en-dessous qui
forme la face externe du Carpelle (la peau extérieure de la Pêche)
et qui est appelée *Exocarpe*, celle en-dessus, qui forme la face
interne (l'enveloppe osseuse de la graine de la Pêche) et qui
est appelée *Endocarpe*, et la couche moyenne (la chair de la
Pêche), qui est appelée *Mésocarpe*.

Dans sa longueur, le Carpelle présente trois parties :

A la base, une partie renflée qui renferme les ovules ou
jeunes graines, c'est le *Carpe* (ou Ovaire); au-dessus, un
prolongement aminci, c'est le *Style*, et au-dessus du style,
des papilles dont le rôle est très important dans le phénomène
de la fécondation et dont l'ensemble constitue le *Stigmate*.

Ces parties sont loin d'avoir toujours la même relation. Ainsi le style peut manquer et le stigmate est dit *sessile*; ainsi le style peut être placé au sommet apparent ou à la base apparente (*Style gynobasique*), ou sur le côté apparent du carpe.

Nous disons *apparent* parce que le style est toujours placé sur le sommet organique du carpe.

L'ensemble des Carpelles constitue le *Gynécée*. L'ensemble des carpes (abstraction faite des styles et stigmates) prend le nom d'*Ovaire* ou *Capitel*.

Comme les autres organes floraux, le gynécée peut être : *régulier* ou *irrégulier*, *dialygyne* ou *gamogyne*, *libre* ou *adhérent*.

10° Derme.

Le Derme (Tégument) est l'enveloppe de la Graine.

Cette enveloppe étant le plus souvent double, l'extérieure prend le nom d'*Exoderme* (ou Testa), et l'intérieure, celui d'*Endoderme* (ou Membrane interne).

Sur l'exoderme on remarque une cicatrice à l'endroit où aboutissait le funicule, c'est le *Hile* (ou Ombilic), et un point à l'endroit où aboutit la racine de l'embryon, c'est le *Micropyle*;

L'endoderme porte également une cicatrice où aboutit le Raphé, c'est la *Chalaze*.

Art. 2.

Organes composés complexes.

On nomme organes complexes ceux qui sont constitués par les deux sortes d'organes fondamentaux : axe et expansion.

On peut les considérer comme un groupe d'organes composés.

Nous examinerons dans cet article le bourgeon, la fleur, le fruit, la graine, l'amande et l'embryon.

§ I. LE BOURGEON.

Le Bourgeon est le rudiment du végétal sans floraison préalable. C'est le premier âge d'une tige ou d'un rameau revêtu d'expansions. Il se compose donc d'un axe d'abord très contracté et d'expansions écailleuses ou foliacées.

Examinons-les sous divers points de vue :

1° Relativement au milieu dans lequel ils vivent. Les bourgeons naissent le plus souvent sur des axes aériens; on les appelle *Bourgeons aériens*.

Mais souvent aussi ils naissent sur des tiges souterraines, on les appelle *Bourgeons souterrains, Oignons, Bulbes, Bulbilles* (Ail, Lis).

2° Relativement à leur point de départ. Ils sont *terminaux* lorsqu'ils sont placés à l'extrémité des tiges ou des rameaux; ils sont *axillaires* lorsqu'ils sont placés à l'aisselle des feuilles; ils sont *adventifs* lorsqu'ils naissent sur un autre point, soit par habitude soit par accident.

3° Relativement à leur revêtement. Ils sont *nus* lorsque toutes leurs expansions se ressemblent et se présentent à l'état feuille; ils sont *écailleux* lorsque les expansions extérieures sont sous forme d'écailles caduques.

4° Relativement à leur nature intérieure. Ils sont *à bois* lorsqu'ils ne renferment que des feuilles et qu'ils s'allongent en rameau; ils sont *à fleur* lorsque, plus arrondis, ils renferment des feuilles et des fleurs et s'allongent peu.

5° Relativement à leur activité. Ils sont *dormants* lorsqu'ils restent stationnaires après leur naissance, pour ne se développer qu'au printemps suivant (nos arbres); ils sont *prompts*, lorsque une fois nés ils continuent leur développement (plantes herbacées).

6° Relativement à leur état de développement. Ils sont *bour-*

geons proprement dits lorsqu'ils sont encore à leur état léthargique ; ils sont *scions* lorsqu'ils parcourent leur évolution en longueur et en grosseur dans l'année. Les Scions qui partent d'une tige souterraine prennent le nom de *Turions*, s'ils sont droits ou dressés (Asperge), et de *Drageons*, s'ils sont inclinés ou couchés (Réglisse, Rosiers).

7° Relativement à la disposition des expansions. Dans le bourgeon proprement dit, la disposition des feuilles s'appelle *Préfoliation* ; dans le scion, elle s'appelle *Foliation.*

Dans la préfoliation, on peut considérer les feuilles soit isolément, soit comparativement.

En considérant les feuilles isolément, la préfoliation peut être :

Plissée, c'est lorsque les feuilles sont plissées en éventail (Vigne) ;

Involutée, c'est lorsque la feuille est roulée en dedans de chaque côté (Peuplier) ;

Révolutée, c'est lorsque la feuille est roulée en dehors de chaque côté (Oseille) ;

Convolutée, lorsque la feuille est roulée longitudinalement sur elle-même (Abricotier) ;

Circinnée, lorsque la feuille est roulée perpendiculairement sur elle-même en crosse (Fougères) ;

Condupliquée, lorsque la feuille est pliée longitudinalement en deux moitiés (Amandier) ;

Réclinée, lorsque la feuille est pliée transversalement en deux moitiés (Aconit).

En considérant les feuilles relativement les unes aux autres, la préfoliation peut être :

Imbriquée, lorsque les feuilles, étant étalées, se recouvrent comme les tuiles d'un toit (Lilas) ;

Equitante, lorsque, les feuilles étant condupliquées, les extérieures embrassent les intérieures (Sauge) ;

Semi-équitante, lorsque les feuilles étant condupliquées, les demi-lames s'engagent les unes entre les autres (Iris).

Dans la foliation, les feuilles ayant perdu leurs diverses plicatures, ont pris leur état normal, et l'allongement de l'axe les ayant distancées, elles ne se recouvrent plus mutuellement; (Voir tout ce que nous avons dit en parlant des feuilles.)

§ II. — LA FLEUR.

Avant d'étudier la fleur en elle-même, il est utile de jeter les yeux sur les dispositions générales que les fleurs adoptent dans leur arrangement sur les tiges. C'est cette disposition que les botanistes désignent sous le nom d'*Inflorescence*.

En voici un tableau très-succinct :

				Inflorescences
SOLITAIRES.				*solitaire.*
FLEURS.	indéfinies	à pédoncule contracté	pédicelle apparent *en grape.* pédicelle nul. . . *en épi.*	
		à pédoncule allongé	pédicelle apparent *en ombelle.* pédicelle nul . . *en capitule.*	
FASCICULÉES	définies			*en cime.*

Ainsi donc, 1° : les fleurs peuvent naître solitaires à l'aisselle des feuilles (Pervenche),

Ou bien groupées plusieurs ensemble en fascicule; dans ce cas, le nombre des fleurs de même génération peut être tellement indéterminé, qu'il peut varier indéfiniment suivant la vigueur de la plante, ou bien il peut être tellement déterminé qu'on peut en quelque sorte calculer ce nombre à l'avance. L'inflorescence peut donc être *indéfinie* ou *définie.*

On dit encore que la première de ces deux inflorescences est *centripète*, parce que l'épanouissement des fleurs commence par celles d'en bas pour finir par celles d'en haut, ou (en supposant la contraction des axes), par celles de la circonférence pour finir par celles du centre; et que la deuxième est *centrifuge* par la raison contraire.

Ajoutons encore :

Que la grappe, l'épi, etc., peuvent être simples ou composés ;

Que la cime peut affecter des apparences de grappe, d'ombelle, et on dit alors que la cime est *grappiforme*, *ombelliforme*, etc. ;

Que l'on donne le nom de *Chaton* à l'épi de fleurs seulement à étamines ou seulement à carpelles, ayant un axe souple, articulé à sa base, caduc et garni de bractéoles (Saule) ; celui de *Cône* à l'épi de fleurs seulement à carpelles, ayant un axe rigide à bractées solides (Sapin); celui de *Spadice* à l'épi de fleurs à étamines ou à carpelles, nues, ayant un axe raide, charnu (Gouet).

Que l'on désigne sous le nom de *Corymbe*, la grappe dont les fleurs sont portées à la même hauteur à cause de la longueur plus grande des pédicelles inférieurs.

Sous celui de *Panicule*, la grappe dont les pédicelles inférieurs sont très longs, flexibles et ramifiés.

Ajoutons enfin : que les deux sortes d'inflorescences indéfinie et définie peuvent se trouver réunies dans un même groupe de fleurs.

Venons à la fleur en elle-même :

La fleur est l'ensemble des organes qui concourent à la reproduction d'une plante; organes le plus souvent protégés par des enveloppes.

La fleur se compose donc généralement : 1° du Thalame, 2° du Périanthe, 3° de l'Androcée et 4° du Gynécée.

Pour bien étudier une fleur, il importe de l'examiner principalement à deux âges : 1° alors qu'elle n'est que *Bouton*, c'est-à-dire non épanouie, c'est ce qu'on appelle la Préfloraison; et 2° alors qu'elle est épanouie, c'est ce qu'on appelle la Floraison,

1° *Préfloraison.*

La Préfloraison est la disposition qu'affectent les diverses parties de la fleur avant leur complet épanouissement. C'est plus particulièrement de la préfloraison du périanthe, c'est-à-dire du calice et de la corolle qu'on s'est préoccupé. Nous allons indiquer les principales dispositions des parties du périanthe, en les considérant soit dans leurs rapports entre elles, soit isolément.

1° Dans leurs rapports entre elles, on remarque, comme dans les feuilles, deux principales dispositions : celle en spires et celle en verticilles ; et les spires ou les verticilles le plus souvent alternent les uns au-dessus des autres.

La disposition en spirale est dite *Imbricative*, lorsque les parties se recouvrent seulement dans une partie de leur hauteur, comme les tuiles d'un toit (Camellia) ; elle prend le nom de *Convolutive* lorsqu'elles s'enveloppent complètement en longueur et en largeur ; elle est *Quinconciale*, lorsque les pièces, étant au nombre de cinq, il y en a deux extérieures, deux intérieures et une qui recouvre les intérieures par un de ses côtés et est recouverte de l'autre par les extérieures.

La disposition en verticille prend le nom de *Valvaire*, lorsque les bords des parties se touchent à la périphérie dans leur longueur. Elle s'appelle *Induplicative* lorsque les bords contigus saillent en dedans ; elle est *Réduplicative* lorsqu'ils saillent en dehors ; enfin elle est *Torsive* lorsque les parties s'imbriquent en cercle, chacune recouvrant d'un côté la voisine et recouverte de l'autre.

2° Considérées en elles-mêmes les parties du périanthe peuvent être à préfloraison *Superpositive* (ou réclinée), lorsqu'elles sont ployées ou pliées transversalement (Verbascum) ; *Plicative* (ou dupliquée) lorsqu'elles sont pliées longitudinalement (Solanées) ; *Corrugative* (ou chiffonnée) lorsqu'elles sont pliées et chiffonnées irrégulièrement (Pavot).

2° FLORAISON.

1° Du Thalame.

Le thalame (ou Torus) est l'extrémité du pédicelle sur laquelle sont insérés le Périanthe, l'Androcée et le Gynécée.

Le Thalame affecte beaucoup de formes qui peuvent se réduire à trois principales :

Tantôt il s'allonge en cône pour porter à des hauteurs différentes les organes floraux ; tantôt contracté en hauteur il s'évase en forme de plateau pour porter les expansions sur un même niveau.

Tantôt, enfin, la dépression est telle, que le thalame forme une coupe plus ou moins profonde, sur les bords et dans l'intérieur de laquelle sont implantées les expansions florales.

Tous les intermédiaires et les combinaisons de ces formes peuvent se présenter.

Enfin, la coupe thalamaire peut se souder avec les expansions carpellaires, de façon que la partie supérieure seule des Carpelles apparaît. On dit alors que le capitel ou ovaire est *infère*. Par opposition on appelle ovaire *supère*, l'ovaire non adhérent.

L'emploi de cette expression : *infère*, qui n'est pas très juste, est poussé plus loin ; ainsi, on l'emploie lors même qu'il n'y a pas adhérence entre l'ovaire et la coupe thalamaire, si l'orifice de la coupe est très resserré ; d'une façon telle, qu'on ne puisse apercevoir les Carpes au fond de la coupe (Rosier).

2. Du Périanthe.

Le Périanthe se compose des expansions qui entourent les organes sexuels.

Il se compose ordinairement de deux spires d'expansions, dont l'un constitue ce qu'on appelle le calice et l'autre la corolle.

Il n'est pas toujours facile de déterminer ce qui est calice et ce qui est corolle; les expansions sont disposées quelquefois en plus de deux tours de spires ou de verticilles, les couleurs sont parfois identiques (Lis), ou se fondent insensiblement d'une expansion à une autre (Nymphea).

Aussi chaque auteur a-t-il sa manière de voir ;

Voici la nôtre :

PÉRIANTHE	à une spire.	sépaloïde.................... Calice.	
		pétaloïde................... Corolle.	
	à deux spires.	sépaloïdes.................. Périanthe double sépaloïde.	
		pétaloïdes.................. Périanthe double pétatoïde.	
		sépaloïde et pétaloïde	l'extérieur sépaloïde.. Calice.
			l'intérieur pétaloïde .. Corolle.
	à plus de deux spires.	sépaloïdes.................. Calice à plusieurs spires.	
		pétaloïdes.................. Corolle à plusieurs spires.	
		franchement sépaloïdes et pétaloïdes	les extérieurs pétaloïdes. Calice à plusieurs spires.
			les intérieures pétaloïdes. Corolle à plusieurs spires.
		sépaloïdes et pétaloïdes insensiblement. ... Périanthe discolore à plusieurs spires.	

CALICE. — On doit considérer les sépales qui composent le calice :

1° En eux-mêmes,

Relativement à leur nombre : ternaire, quaternaire, quinaire, etc. ;

— à leur forme : lancéolée, ovale, aigüe, obtuse, onguiculée, etc. ;

— à leur couleur : verte, glauque, brune, etc. ;

Relativement à leur surface : lisse, fibrée, glabre, poilue, etc. ;
— à leurs dimension : grande, petite, etc. ;
— à leur consistance : écailleuse, foliacée, caduque, etc. ;

2° Entre eux :

Suivant leur liberté : Semblables, dissemblables, etc. ;
Suivant leur union : à tube (la partie soudée) de telle ou de telle forme, etc. ;
— à lame (la partie restée libre) de telle ou telle forme ;
— à gorge (l'orifice du tube) nue, appendiculée, etc ;
Suivant leur adhérence : avec les pétales, avec les étamines, etc.

COROLLE. — On doit considérer les pétales qui composent la corolle de la même manière que nous avons observé les sépales du calice.

On remarque, en outre, que, lorsque la corolle se compose de deux spires, il arrive parfois que la spire interne est gamopétale, tandis que l'interne est dialypétale.

L'on a conservé d'anciens noms donnés à diverses formes de corolle.

Corolle dialypétale :

1° *Cruciforme*, à quatre pétales en croix, formant une corolle régulière (Choux);

2° *Caryophyllée*, à cinq pétales longuement onguiculés, formant une corolle régulière (Œillet);

3° *Rosacée*, à cinq pétales brièvement onguiculés, étalés, formant une corolle régulière (Fraisiers);

4° *Papillonacée*, à cinq pétales, l'un postérieur enveloppant les autres (*étendard*), deux latéraux (*ailes*) et deux antérieurs (*carène*), formant une corolle irrégulière (Pois);

5° *Anomale*; corolle irrégulière non papillonacée (Aconit).

Corolle gamopétale :

6° *Tubuleuse*, régulière à tube peu ou point évasé (Grande Consoude).

7° *Infondibuliforme*, régulière, à tube inférieurement cylindrique, supérieurement évasé en entonnoir, ainsi que les lames (Primevères).

8° *Campanulée*, régulière, à tube s'évasant en cloche de la base au sommet (Campanules).

9° *Rosacée*, régulière, à tube très-court et à lames très étalées en soucoupe (Lysimachies).

10° *Urcéolée*, régulière, à tube s'évasant, puis resserré au sommet, en grelot (Arbousier).

11° *Ligulée*, irrégulière, d'abord en tube, puis se fendant d'un côté en languette déjetée (Pissenlit).

12° *Labiée*, irrégulière à cinq sépales, dont deux forment une lèvre supérieure, et les trois autres une lèvre inférieure (Sauges).

13° *Personnée*, labiée, mais à gorge fermée par un renflement de la lèvre inférieure (Mufliers).

3° *Androcée*.

Comme le calice et la corolle, l'androcée peut être régulier ou irrégulier, appendiculé ou non appendiculé;

Comme eux, il peut être composé de pièces libres, unies ou adhérentes de diverses manières.

Il n'est peut-être pas hors de propos de faire connaître ici la valeur de quelques expressions anciennes mais consacrées.

Ainsi on appelle :

Monadelphes, digadelphes, triadelphes, polyadelphes, les étamines unies en un, deux, trois ou plusieurs faisceaux.

Didynames, quatre étamines dont deux sont plus grandes (Choux);

Tétradynames, six étamines dont quatre sont plus grandes (Lamiers);

3

Hypogynes, les étamines sans adhérence ;

Périgynes, les étamines adhérentes au calice ou à la corolle ;

Epigynes, les étamines adhérentes aux carpelles.

4° *Gynécée.*

Ainsi que nous l'avons vu, le gynécée d'une fleur se compose de l'ensemble de ses carpelles ; nous avons à voir plus particulièrement les dispositions intérieures et extérieures des carpes ou de l'ovaire. Et, à cet égard, nous examinerons : la paroi ovarienne, les cloisons, les placentas et les ovules.

1° PAROI OVARIENNE ET CLOISONS. — La paroi ovarienne est constituée par trois couches : l'*Exocarpe*, le *Mésocarpe* et l'*Endocarpe*. Ces trois couches forment la cavité ou les cavités qui renferment les ovules.

Les feuilles carpellaires, qui constituent cette partie, s'insèrent sur le thalame, tantôt d'une façon régulière, transversale , tantôt, et c'est le plus souvent, d'une façon oblique. Dans le premier cas, la ligne d'insertion peut être représentée par un cercle ou un arc de cercle perpendiculaire à l'axe ; dans le second cas, par un cercle oblique, ou un arc, en forme de fer à cheval.

De ces deux modes découlent diverses conséquences importantes que nous allons voir.

Si l'insertion de la feuille ou des feuilles carpellaires est en cercle ou arc transversal perpendiculaire à l'axe, l'ovaire, qu'il soit composé de un ou de plusieurs carpes, doit constituer une cavité unique ; il n'y a donc pas de cloisons dans son intérieur.

Mais si l'insertion est oblique, il peut arriver que la cavité soit partagée en plusieurs compartiments, dits *Loges*, par ce qu'on appelle des *Cloisons*.

En effet, si l'ovaire est composé d'un seul carpe ou de plusieurs carpes libres, l'axe se trouvera modifié en biseau sous l'insertion du carpelle (Haricot), ou de chacun des carpelles libres (Aconit).

Mais si l'ovaire est constitué par plusieurs carpes unis en verticille, l'axe unique sera modifié en plusieurs biseaux, qui formeront les pans d'une pyramide plus ou moins allongée ; mais, alors, ou la pyramide reste pleine et occupe le centre de l'organe, alors il y a autant de loges que de pans pyramidaux, et autant de cloisons que d'arêtes qui sont les lignes d'insertion. La pyramide aura donc autant de pans et de cloisons que de feuilles carpellaires unies.

Ou la pyramide s'excave au centre, alors, quel que soit le nombre des pans, il n'y a qu'une loge, et il n'y a pas de cloisons complètes.

Toutefois, il est des ovaires dont les pans et les cloisons sont en nombre double des feuilles carpellaires : c'est qu'alors les dorsales de chaque feuille font saillie à l'intérieur et forment autant de *fausses cloisons*, partageant chaque loge en deux demi-loges.

2° PLACENTAS. — Les placentas sont constitués par l'axe que nous venons de voir ainsi modifié diversement, suivant l'insertion des feuilles carpellaires. Ils portent les ovules.

Par suite des modifications que nous venons de voir, il y a trois sortes de placentations principales.

Lorsque l'insertion carpellaire est transversalement circulaire, la placentation est dite : *Axile.*

Lorsque l'insertion est oblique, la placentation peut être *pariétale* ou *centrale.*

Pariétale, si l'ovaire se compose d'un seul carpelle ou de plusieurs carpelles libres, ou de plusieurs carpelles unis, mais insérés à la base d'une pyramide excavée.

Centrale, si l'ovaire se compose de plusieurs carpelles unis, insérés sur une pyramide non excavée.

3° OVULES. — Les ovules sont les germes du végétal non encore fécondés.

1° *Composition.* L'ovule se compose : 1° d'un mamelon central appelé le *Nucelle*, dans lequel se développera l'embryon, après la fécondation; 2° d'un sac membraneux qui enveloppe le nucelle, ayant une ouverture à sa partie supérieure appelée *Micropyle*. Ce sac est ordinairement double; on a donné à l'extérieur le nom de *Primine*, et à l'intérieur celui de *Secondine*. C'est au micropyle que devra toujours aboutir la racine de l'embryon.

Parfois le sac est simple (Noyer); plus rarement il manque totalement (Gui).

On peut regarder la Primine comme une expansion du funicule, partant du hile, et la Secondine comme une expansion du raphé, partant de la chalaze.

2° *Forme*. Si l'allongement du raphé n'est pas sensible, il peut arriver deux cas: ou le nucelle reste droit et alors le hile et la chalaze sont diamétralement opposés au micropyle; le hile et la chalaze en bas et le micropyle en haut (Rhubarbe); dans ce cas l'ovule est dressé; il est appelé *orthotrope*.

Ou le nucelle et avec lui la primine et la secondine s'arquent sur eux-mêmes de manière à ramener en bas le micropyle vers le hile et la chalaze. Dans ce cas l'ovule est courbé, arqué; il est appelé: *campulitrope*.

Si l'allongement du raphé est sensible, de manière à se prolonger de la base au sommet de l'ovule, qui reste droit mais renversé, le micropyle viendra encore se rapprocher du hile par l'arcuation de la primine et le renversement de la secondine. Dans ce cas, l'ovule est renversé, le hile et le microphyle sont en bas et la chalaze en haut; il est appelé: *Anatrope*.

Les ovules anatropes sont les plus communs, et les orthotropes sont les plus rares.

3° *Nombre des ovules dans chaque loge ovarienne*. Le nombre des ovules varie suivant les espèces de plantes, il peut varier même dans chaque loge d'un même ovaire, mais c'est rare.

Suivant le nombre des ovules, on dit que la loge est: *uni*, *bi*, *pluri ovulée*.

4° *Position des ovules dans les loges*. L'ovule est *dressé* lorsque son hile est au fond de la loge et sa partie supérieure dirigée verticalement.

Il est *ascendant* lorsqu'il est attaché sur un côté de la loge et que sa partie supérieure se dirige obliquement en haut.

Il est *horizontal* lorsqu'il est attaché sur un des côtés de la loge, et que son sommet se tient au même niveau.

Il est *pendant* lorsqu'il est attaché sur un côté de la loge et que son sommet se dirige en bas.

Il est *renversé* lorsqu'il est attaché au sommet de la loge et que son sommet est en bas.

Pour terminer ce que nous avons à dire de la fleur, il convient d'ajouter quelques observations ; elles ont rapport à l'absence de quelques-uns des organes floraux et à des modifications accidentelles qu'ils subissent.

Il s'en faut que les fleurs aient toutes : calice, corolle, androcée et gynécée.

On nomme *incomplètes* les fleurs auxquelles il manque quelqu'une de ces quatre parties.

Si c'est le calice et la corolle, on les dit : *nues*.

Si c'est le calice, on les dit : *incomplètes pétaloïdales*.

Si c'est la corolle, on les dit : *incomplètes calicinales*.

Si c'est un des deux organes essentiels, androcée ou gynécée, on les dit : *unisexuées*.

Si c'est l'androcée, on les dit : *unisexuées femelles*.

Si c'est le gynécée, on les dit : *unisexuées mâles*.

Les fleurs sont *hermaphrodites* si l'androcée et le gynécée sont présents, qu'elles aient ou non un périanthe.

Il y a des plantes sur lesquelles on trouve à la fois, sur le même pied, des fleurs mâles, des fleurs femelles et des fleurs hermaphrodites. Ces plantes sont appelées : *polygames*.

Il en est d'autres qui ne portent que des fleurs unisexuées, mais tantôt les fleurs mâles et les fleurs femelles sont sur le même individu ; ces espèces de plantes sont appelées *monoïques ;*

tantôt les fleurs mâles sont sur un individu et les femelles sur un autre ; ces plantes sont appelées *dioïques*.

On appelle *simples*, les fleurs qui se présentent dans la situation normale à l'espèce, et, spécialement, qui offrent l'amplitude, la forme et le nombre normaux des pièces de la corolle.

Par opposition, on appelle *doubles*, celles qui présentent une modification accidentelle dans l'amplitude, la forme ou le nombre normal des pièces de la corolle. Cette anomalie que l'on a l'habitude de désigner sous le nom de *duplicature*, peut avoir lieu de trois manières bien différentes :

1° Lorsque le nombre normal des pétales est augmenté (Roses, Œillets).

2° Lorsque, dans quelques plantes, comme les Hortensias, le Viorne Aubier, la corolle sans cesser d'être régulière, prend de grandes dimensions à toutes les fleurs de l'inflorescence.

3° Lorsque, dans les fleurs en capitules et spécialement dans les plantes de la famille des composées radiées, les fleurs régulières du centre se changent en fleurs irrégulières à corolle ligulée et ample (Dahlias).

Généralement la duplicature a lieu au détriment des organes sexuels, conséquemment, les fleurs tendent à être plus ou moins stériles.

§ III. LE FRUIT.

Le Fruit, c'est le carpelle noué et mûri.

Si donc la fleur a contenu un seul carpelle, elle n'a produit qu'un seul fruit.

Si elle a contenu plusieurs carpelles, libres ou soudés entre eux, elle doit produire plusieurs fruits.

Toutefois, il faut observer que l'on comprend généralement, sous la désignation de fruit unique, le gynécée mûri composé de plusieurs carpelles unis.

Toujours est-il qu'on ne doit pas étendre davantage la signification de ce mot. Ainsi la Fraise ne sera pas un fruit, mais un
assemblage de fruits; la Framboise de même. Dans ces deux
cas, ces fruits multiples proviennent d'une seule fleur.

Encore moins doit-on étendre cette signification de fruit
unique, par exemple : à la Figue, à la Mûre. Dans ces deux
cas, ce prétendu fruit est un groupe de beaucoup de fruits résultant d'autant de fleurs.

L'étude du gynécée nous a initié à l'étude du fruit ; toutefois
l'ovaire, pour passer à l'état de fruit, subissant des modifications très-importantes, nous devons les examiner ici.

Ainsi : 1° Il n'est pas rare que la maturité amène la dés-
union des carpelles et la division même d'un carpelle (Erables,
Labiées).

2° Dans un ovaire pluriloculaire , les loges ne se développent pas toujours toutes, il en est qui disparaissent complètement
(Tilleul).

3° Les carpelles libres d'une fleur ne se développent pas
tous en fruits, il en est qui s'atrophient (Framboisier).

4° Le nombre des ovules que renferme chaque loge de
l'ovaire, ne correspond pas toujours au nombre des graines que
l'on trouve dans chaque loge du fruit ; quelques-uns des ovules
disparaissent.

En général, le fruit, se compose de deux parties principales :
le *Péricarpe* et les *graines* (Nous étudierons ces dernières dans
le § suivant).

Le Péricarpe est l'enveloppe des graines quelle qu'elle soit.
On conçoit, en effet, que, suivant que l'ovaire est supère ou infère, l'enveloppe générale des graines doit être d'origine différente. L'enveloppe de la graine du Pêcher est le carpe, celle des
graines de Pommier est le thalame.

Le Péricarpe, tantôt s'entr'ouvre pour laisser échapper
les graines, tantôt il ne s'entr'ouvre pas. Cette propriété qu'à
le péricarpe de s'entr'ouvrir, s'appelle *déhiscence*. Ainsi, les

fruits à péricarpe charnu, sont indébiscents, les fruits à péricarpe sec, sont débiscents ; à moins qu'ils ne renferment qu'une graine, auquel cas ils sont généralement indéhiscents.

Indépendamment de quelques déhiscences par déchirure, par trou, par rupture transversale, qu'on peut regarder comme des exceptions, la déhiscence s'opère généralement en long, de trois principales manières :

1° Par la nervure médiane de chaque feuille carpellaire. Déhiscence *loculicide*.

2° Par le point de jonction aux cloisons sans partager ces dernières : déhiscence *septicide*.

3° Par ce même point en partageant les cloisons en deux lames : déhiscence *septifrage*.

CLASSIFICATION DES FRUITS.

FRUITS.	Simples.	Charnus.	*Baie.* — Groseille.	
			Drupe. — Cerise.	
		Secs.	Indéhiscents.	*Akène.* — Sarrazin.
				Caryopse. — Blé.
				Samare. — Erable.
			Débiscents.	*Follicule.* — Dauphinales.
				Gousse. — Pois.
				Pyxide. — Jusquiames.
				Silique. — Choux.
				Capsule. — Liseron.
	Multiples.			— Framboisier.
	Composés.			— Figue.

La *Baie* est un fruit complètement charnu, au milieu duquel sont plongées les graines.

La *Drupe* est un fruit à péricarpe extérieurement (le Méso-carpe) charnu, intérieurement (l'Endocarpe) osseux.

L'*Akène* est un fruit sec, monosperme, indéhiscent, dans le-quel la graine n'adhère pas au péricarpe.

Le *Caryopse* est un fruit sec, monosperme, indéhiscent, dans lequel la graine est soudée au péricarpe sur toute sa surface.

Le *Samare* est un akène à aile membraneuse.

Le *Follicule* est un fruit sec, uniloculaire, polysperme, déhis-cent par le placenta.

La *Gousse* est un fruit sec, uniloculaire, polysperme, déhis-cent par le placenta et par la nervure médiane de la feuille car-pellaire.

La *Pyxide* est un fruit sec, uni ou pluriloculaire, polysperme, déhiscent transversalement, en boîte à savonnette.

La *Silique* est un fruit sec, biloculaire, s'ouvrant en deux valves par les deux placentas qui sont pariétaux.

La *Capsule* est tout fruit sec, polysperme, déhiscent et ne pouvant pas être compris sous les désignations précédentes.

§ IV. LA GRAINE.

La graine est la partie essentielle du fruit. C'est elle qui doit reproduire le végétal.

Elle se compose de deux parties : l'une, enveloppante, le *derme*; l'autre, enveloppée, l'*amande* que nous examinerons au § suivant.

Ainsi que nous l'avons déjà dit, le derme se compose, le plus souvent, de deux enveloppes : l'*Exoderme* et l'*Endoderme*.

L'exoderme est de consistance, de couleur, de texture très-variées.

3 *b*

Le hile a lui-même des formes et des couleurs différentes.

L'arille, quand elle existe, a aussi une texture, une consistance, une ampleur qui changent d'une espèce à une autre.

Ce qu'il importe encore, c'est de ne pas confondre le derme d'une graine avec tout autre corps qui l'enveloppe, lui adhère plus ou moins et se dépose en terre avec lui.

§ V. L'AMANDE.

L'Amande se compose de toutes les parties qui se trouvent sous le derme. Ces parties sont un ou plusieurs *Embryons*, accompagnés ou non d'un ou de plusieurs corps appelés *Albumens*.

L'albumen ou périsperme est un corps tout-à-fait indépendant de l'embryon. Il n'existe pas dans toutes les graines, notamment dans celles dont l'embryon est à cotylédons épais.

L'albumen varie beaucoup :

Dans son volume, qui peut être plus ou moins considérable, relativement à l'embryon ;

Dans sa nature, qui peut être farineuse (Blé), huileuse (Ricin), cornée (Café). Cette nature peut être différente dans deux albumens d'une même graine ;

Dans sa forme et dans sa position relativement à l'embryon. En effet, il peut être placé dans la graine, tantôt latéralement, tantôt au sommet, tantôt à la base ; tantôt au centre, tantôt enveloppant l'embryon, tantôt enveloppé par lui ;

Dans sa texture qui le plus souvent est continue, mais parfois granuleuse (en grumeaux détachés), et parfois ruminée (crevassée).

§ VI. L'EMBRYON.

L'Embryon est la plante en miniature, c'est le rudiment du végétal provenant d'une fleur. On y remarque : 1° un axe dont la partie inférieure, qui doit devenir racine, est appelée *Radicule*, et dont la partie supérieure, qui doit devenir tige, est appelé *Tigelle*; 2° un ou plusieurs organes expansionnaires, placés entre la tigelle et le radicule : ce sont le ou les *Cotylédons*. Au sommet de la tigelle est encore un bourgeon que l'on nomme *Gemmule*.

Suivant le nombre des cotylédons, on dit que l'embryon, et, par suite, que la plante est ou *monocotylédonée* ou *dicotylédonée*.

Les cotylédons ne sont que les premières feuilles de l'Embryon. Dans quelques espèces ils sont minces ; dans d'autres, au contraire, ils sont épais. Qu'ils soient un ou plusieurs, ils sont toujours disposés de façon à cacher la gemmule et la tigelle ; la radicule au contraire est presque toujours extérieure.

Suivant les espèces, l'Embryon peut être droit, arqué, en anneau ou en spirale.

Il est droit, lorsque la radicule et la gemmule sont placées aux deux extrémités d'une ligne droite (Amandier);

Il est arqué, lorsque la radicule se courbe de façon à remonter le long des cotylédons; mais il peut se présenter deux cas : ou la radicule en remontant s'applique à la commissure des deux cotylédons, on dit alors que la radicule est *latérale* et que les cotylédons sont *accombants*; ou bien elle s'applique sur le dos de l'un des cotylédons, on dit alors que la radicule est *dorsale* et que les cotylédons sont *incombants* ;

Il est en anneau, lorsque la radicule s'arque, ainsi que les cotylédons, de façon à former un cercle (Belle-de-nuit).

Il est en spirale, lorsque l'arcuation n'est pas sur le même plan (Soude).

ART. 3.

Organes composés accessoires.

On donne le nom d'organes accessoires à certains organes qui ne se rencontrent pas sur tous les végétaux. En général, ils sont dus à des avortements où à des dégénérescences d'autres organes.

Ce sont, comme nous l'avons dit : les appendices, les disques, les lenticelles, les glandes, les poils, les aiguillons, les épines, les suçoirs et les vrilles.

1° *Appendices.*

On a donné à ce mot une extension fort grande ; on a appelé Appendice toute partie qui, fixée à un organe quelconque, paraît additionnelle à la structure habituelle de cet organe.

Pour diminuer le vague de cette dénomination, nous appelons Appendices, ces parties additionnelles qui ne peuvent pas être comprises dans celles que nous énumérons dans cet article, les glandes, les nectaires, les poils, etc. Ainsi nous appelons Appendices les dédoublements qui se présentent à la gorge de la corolle d'un grand nombre de Borraginées, les protubérances qui surmontent les anthères des violettes, les filaments qui sont à la base des loges de l'anthère de certaines Composées, etc.

2° *Disques.*

Le Disque, dans l'acception la plus restreinte de ce mot, est une protubérance du thalame ; il se présente en corps charnu, de nature glanduleuse ordinairement jaunâtre, soit sous l'ovaire (Rue fétide), soit sur son sommet (ombellifères), soit sur la paroi interne du calice (Cerisier).

Il peut se présenter un corps circulaire (Pervenche), ou en forme d'un groupe de mamelons (Crucifères).

3° *Lenticelles.*

On nomme Lenticelles, de petites taches ovales ou circulaires, placées sur la cuticule. Ce sont en réalité de petites saillies de l'enveloppe herbacée de l'écorce à travers la cuticule.

Elles donnent naissance à des racines adventives, quand les organes qui les portent sont placés dans des circonstances favorables à leur développement.

4° *Glandes.*

Les Glandes sont de petits corps, de figure variable et qui sécrètent ordinairement un liquide particulier. Les unes sont formées uniquement de tissu cellulaire et secrètent, d'autres contiennent de très petits filets fibreux et ne secrètent point.

Les Glandes naissent partout, excepté peut-être sur les racines; elles sont rares sur les parties aquatiques.

Suivant la place qu'elles occupent, on les dit : internes, externes, caulinaires, pétiolaires, foliaires, stipulaires, florales Ces dernières prennent encore le nom de *Nectaires.*

Suivant leur forme, on les dit : globulaires, utriculaires, papillaires, scyathiformes.

5° *Poils.*

Les Poils sont des productions filiformes, molles et formées de tissu cellulaire. Ils ont beaucoup de rapport avec les glandes. Ils les surmontent souvent ; souvent aussi ils sont surmontés par elles. On les voit encore souvent terminant les pores.

Ils sont ordinairement externes, rarement internes, souvent aériens, parfois radicaux.

Suivant leur composition, on les dit : simples , rameux , étoilés, en navette, articulés.

Suivant leur nature : glanduleux , lymphatiques, corollins , scarieux, etc.

Leur direction et leur consistance font donner à la surface qui les porte les épithètes de : velue, veloutée, laineuse, cotonneuse, tomenteuse, soyeuse, scarieuse, etc.

6° *Aiguillons.*

Les Aiguillons sont des excroissances dures et pointues, sans positions déterminées ; ils adhèrent seulement à la cuticule des végétaux ; ils peuvent donc se détacher sans déchirure du tissu sous-jacent.

Suivant leur forme, les aiguillons peuvent être : en alène, coniques, comprimés, etc.

Suivant leur direction, ils peuvent être : droits, courbés, infléchis, réfléchis, etc.

7° *Epines.*

Les Epines sont des excroissances dures et pointues qui terminent les organes. Elles peuvent être considérées le plus souvent comme des métamorphoses de bourgeons, de feuilles, etc. Constituées de tissu fibreux, elles sont attachées solidement et ne se séparent que par déchirure.

Suivant leur situation, les épines sont dites : caulinaires, foliaires, pétiolaires, involucrales, péricarpiennes, axillaires, extra-axillaires.

Suivant leur forme, elles sont simples, ramifiées, cylindriques, comprimées, etc.

8° *Vrilles.*

Les Vrilles (Cirrhes, Mains) sont des filets flexibles qui s'enroulent autour des corps voisins pour soutenir la tige ou les rameaux qui les produisent.

Elles paraissent produites par l'avortement de certains organes : feuilles, fleurs, etc.

Elles s'enroulent tantôt de droite à gauche, tantôt de gauche à droite, suivant les espèces. Quelques plantes même (Bryone) ont des vrilles ayant chacune les deux directions réunies.

DEUXIÈME PARTIE

PHYSIOLOGIE VÉGÉTALE.

La Physiologie végétale s'occupe de l'étude des fonctions des organes dans les végétaux.

Tout végétal est composé de substances matérielles solides ou liquides ; solides, elles déterminent les formes de ses organes ; liquides, elles circulent dans son intérieur, y entretiennent la vie par les continuelles transformations qu'elles subissent.

Tous ces matériaux sont mis en œuvre par ce qu'on appelle les forces vitales, forces inconnues dont la vie n'est que l'effet , agrégeant les substances, les façonnant en appareils propres à remplir des fonctions déterminées. Aussi, tant que la vie dure, ces substances sont-elles forcées de suivre la loi de ces forces et de rester dans les transformations déterminées. Aussi, à la cessation de la vie, se dissolvent-elles pour rentrer, suivant les lois physiques et chimiques, dans le règne minéral duquel elles étaient primitivement sorties.

Le plus grand nombre des substances qui appartiennent au règne minéral , en tant que corps simples, peuvent composer la matière organisée du végétal. Il en est quatre cependant qui y jouent le plus grand rôle ; ce sont : le carbone, l'oxygène, l'hydrogène et l'azote; après eux viennent d'autres corps, tels que : la chaux, la silice, la soude, la potasse, le phosphore, le soufre, le chlore, le fer, l'iode, le cuivre. Ce sont ces diverses substances qui, toujours puisées à l'état de combinaison, se combinent de nouveau dans le végétal de mille manières, pour y former de nouvelles substances les plus diverses.

Les plantes puisent ces matériaux à trois sources : l'eau, l'air atmosphérique et le sol. Il faut ajouter l'instigation de la chaleur et de la lumière, l'une pour exciter l'organisme vital, l'autre pour opérer les décompositions et compositions chimiques qui transforment les substances absorbées.

Chaque pays a souvent une végétation particulière, parce que les végétaux qu'il produit demandent la dose de chaleur spéciale à son climat.

Ce n'est pas tout, chaque âge de la plante peut exiger une dose différente de chaleur. Généralement, il faut plus de chaleur pour déterminer la production des fleurs, et plus encore pour celle des fruits; comme le prouvent l'importation et la culture de plantes exotiques dans notre climat ; comme le prouvent encore les résultats différents produits par les années chaudes ou froides, sur la plus ou moins grande abondance des fleurs et des fruits de nos arbres fruitiers. Aussi voit-on les cultures à végétation et à feuillaison : les prairies naturelles, la pomme de terre , la betterave abonder dans le nord; et les cultures à fructification: les moissons, les arbres à fruits, dans les contrées plus chaudes.

Mais tous ces agents, pour mettre en œuvre les diverses substances matérielles, se servent des organes des plantes. Les fonctions des organes sont donc les moyens que ceux-ci emploient : 1° pour parvenir à tous leurs développements ; 2° pour servir au développement les uns des autres.

1° Pour parvenir à tous leurs développements.

Tout le mécanisme vital est dans les tissus et originairement dans la cellule.

C'est en ajoutant, en multipliant les cellules suivant certaines lois, que la nature crée tous les organes et tous les végétaux qui croissent sur la terre. Les cellules se modifient entre elles pour constituer des racines, des tiges ; elles se réunissent pour se transformer en fibrilles, en vaisseaux ; elles s'étalent en feuillages, en corolles brillantes, ou se groupent en fruits savoureux.

La cellule organique est le premier élément de tout être vivant. Elle trouve dans l'air les éléments inorganiques dont elle est formée; elle les réunit, non par l'attraction ou l'affinité, comme cela a lieu dans le règne minéral, mais par la puissance de la vie qui lui permet d'organiser la matière et d'en constituer un être vivant.

Dans son laboratoire microscopique, la matière verte des feuilles (la Chlorophylle), ou le vif coloris des pétales se dépose en granulations.

La cellule rejette certains corps, elle s'en assimile d'autres; elle naît, elle vit travaillant sans cesse, elle se reproduit et meurt.

Sa multiplication s'opère de deux manières : soit par la formation de cellules nouvelles dans la cellule-mère, soit par la division de la cellule-mère en plusieurs autres. Jamais la multiplication n'a lieu dans les méats intercellulaires.

2° Pour servir au développement les uns des autres.

On remarque, à cet égard, plusieurs époques de développement :

La première est celle de la germination ;
La seconde, celle de la nutrition ;
La troisième, celle de la fécondation ;
La quatrième, celle de la fructification
La cinquième, celle de la dissémination.

Dans les plantes qui ne vivent qu'un an, toutes les époques sont parcourues dans le cours de l'année.

Dans celles qui vivent plusieurs années, une ou plusieurs de ces époques sont parcourues pendant le cours de la première année, et les autres les années suivantes; elles peuvent successivement se réitérer.

Dans nos climats, l'hiver interrompt cette succession et cette répétition d'époques de développement; mais dans les pays

4

chauds, on trouve sur la plupart des arbres des feuilles, des fleurs et des fruits qui se succèdent sans interruption.

Quelle que soit la durée de ces époques, elles sont toujours conséquentes les unes des autres ; c'est-à-dire que la germination doit précéder la nutrition, celle-ci la fécondation, etc.

Ce qu'on pourrait prendre pour des exceptions (Tussilage, Noisetier, Colchique, etc.) n'en sont pas, et suivent la règle générale ; seulement il faut considérer cette succession indépendante des saisons.

CHAPITRE I.

Première Époque. — Germination et Bourgeonnement.

On appelle germination l'ensemble des phénomènes qui font passer la graine de l'état d'inertie à la vie active.

Les conditions pour ces phénomènes sont de deux sortes : les unes intrinsèques, les autres extrinsèques.

Comme conditions intrinsèques, il faut :

1° Que les graines soient mûres.

2° Qu'elles ne soient pas trop vieilles. C'est-à-dire, que l'espace de temps compris entre la maturité et la germination ne soit pas trop prolongé. Cet espace de temps est très variable suivant les espèces.

3° Qu'elles soient entières. On comprend que le retranchement de la radicule, ou de la plumule, ou d'une partie notable de l'albumen ou des cotylédons, doive empêcher la germination.

Comme conditions extrinsèques, il faut :

1°. De l'eau.

L'eau paraît agir de deux manières : 1° elle ramollit le derme et gonfle l'amande en sorte que la rupture du derme a lieu ;

2º elle se combine avec la partie charnue pour former de nou-
veaux composés qui doivent nourrir la jeune plante.

2º De la chaleur.

La chaleur agit comme stimulant en favorisant les combinaisons. Il ne faut pas qu'elle soit trop forte , mais la quantité est
très variable suivant les espèces.

3º De l'air.

L'air agit au moyen de l'oxygène qu'il contient. Cet oxygène
se combinant avec une partie du carbone de la graine, y produit
de l'acide carbonique qui se dégage ; alors la substance charnue (cotylédon ou albumen) se change en sucre destiné à nourrir le jeune être. C'est sans doute à cause de cette combinaison
nécessaire, que la lumière nuit à la germination; attendu que la
lumière, loin de favoriser la production de l'acide carbonique,
favorise sa décomposition.

Dans ces conditions, voyons les changements qui s'opèrent
dans la graine :

Le derme livre passage aux divers agents en les empêchant
toutefois d'agir trop directement; l'albumen ou, en son absence,
les cotylédons se gonflent et se résolvent en liqueur qu'absorbe
l'embryon ; la rupture des enveloppes s'opère ; la radicule la
première se dirige vers le centre de la terre ; la gemmule tend
à en sortir et apparait à la surface, tantôt seule, tantôt accom-
pagnée des cotylédons.

Lorsque les cotylédons se détachent et restent sous terre, on
les dit *hypogés ;* lorsqu'ils sont entraînés à la surface, on les dit
épigés.

S'ils ont rempli les fonctions d'albumen, ils ne tardent pas
à tomber d'épuisement, sinon ils se développent en véritables
feuilles dites *feuilles séminales.*

Nous avons vu qu'il existait de grandes différences d'organisation entre les plantes dicotylédonées et les monocotylédonées. Des différences se remarquent déjà dans la germination.

Dans les Dicotylédonées, la radicule s'enfonce en terre et s'y ramifie; la plumule se dégage des cotylédons qui s'écartent, elle se développe et se ramifie aussi.

Dans les Monocotylédonés, la radicule et la plumule, enfermées dans la partie du corps cotylédonaire appelée *Coléorhize*, là percent pour en sortir. La radicule principale se détruit de suite et d'autres s'accroissent en partant du coléorhize; la plumule ne se ramifie pas non plus, mais donne naissance à des feuilles qui partent de l'intérieur.

Après chaque hiver, dans nos climats, une nouvelle végétation commence, ou, pour mieux dire, une nouvelle germination s'opère par tous les bourgeons d'une plante qui a survécu.

On peut comparer les bourgeons d'un arbre ou d'une plante vivace à des graines qui, au lieu de germer dans le sol, sont fixées d'avance sur les branches ou ailleurs, et s'y développent comme les graines dans la terre.

Supposons que les conditions intrinsèques existent; au printemps le concours de celles extrinsèques détermine l'évolution, c'est-à-dire que, sous l'influence de la chaleur, de l'air et de l'humidité qui arrivent par la plante-mère, les écailles protectrices sont forcées de se distendre et de s'ouvrir, comme le derme d'une graine; le jeune axe plonge ses radicules dans le tissu de la plante-mère dont elles augmentent le volume, et la plumule s'élance en scion.

CHAPITRE II.

Deuxième Époque. — Nutrition.

La nutrition est l'ensemble des phénomènes qui concourent à alimenter la plante, phénomènes qui sont déterminés par la force organique ou force vitale.

Ces phénomènes se produisent chimiquement en sens inverse de ceux de la germination.

En effet,

Nous n'avons plus un excès de carbone, nécessaire pour la conservation de la graine, nous n'avons plus à ramollir les tissus déjà formés ; la lumière, en conséquence, loin d'être nuisible, devient utile et nécessaire.

Dans ce jeune végétal, nous connaissons deux systèmes : l'un souterrain, l'autre aérien, qui se trouvent en communication avec leurs milieux respectifs par une foule de petites ouvertures, les pores qui sont aglomérés à l'extrémité des racines et répandus sur toute la surface des organes verts et foliacés.

Le système souterrain absorbe sans discernement les liquides dont la terre est imbibée et les diverses matières solides qui s'y trouvent en dissolution et non en suspension. Cette absorption a lieu, soit par la puissance du principe d'endosmose, soit surtout à cause de l'aspiration causée par l'évaporation par les feuilles ; puis, après les phénomènes de l'appropriation de ces substances, la racine rejette ce qui est impropre au végétal.

Le système aérien et spécialement les feuilles n'absorbent pas indistinctement les gaz et les liquides en suspension dans l'atmosphère. En effet, tantôt sous l'influence de la lumière, elles absorbent l'acide carbonique qu'elles décomposent et dont elles conservent le carbone en rejetant l'oxygène (c'est le carbone entrant dans de nouvelles combinaisons, qui concourt particulièrement à former la chlorophylle, le ligneux, etc.); tantôt, à la faveur de l'obscurité, elles absorbent de l'oxygène et exhalent de l'acide carbonique. Constamment, d'ailleurs, elles exsudent de la vapeur d'eau.

L'absence prolongée de la lumière, en ne permettant pas la fixation du carbone et la production de la chlorophylle, amène l'étiolement qui est proportionné au degré d'obscurité plus ou moins intense, suivant les espèces.

Mais, outre la couleur, l'étiolement est accompagné d'un

changement dans les sucs ; plus pauvres en carbone, ils sont plus sucrés, moins acres, moins amers.

En général, la quantité d'eau absorbée par les racines est plus grande que celle qui est exhalée par les feuilles. La quantité d'acide carbonique absorbée par les feuilles est plus grande que la quantité qu'elles exhalent et l'inverse a lieu pour l'oxygène. Donc, les végétaux consomment de l'eau et du carbone et fournissent l'oxygène qui provient de l'acide carbonique décomposé. C'est en effet ce qu'on retrouve dans l'analyse chimique du végétal : hydrogène, oxygène et carbone.

Tous ces principes nourriciers ne restent pas stationnaires dans l'intérieur de la plante ; ils y circulent, montent de la racine dans la tige, dans les branches, jusqu'aux feuilles où ils se modifient, pour redescendre ensuite. On désigne le premier mouvement sous le nom de sève ascendante, et le second sous celui de sève descendante ou *Cambium*.

Mais ces deux mouvements ont deux modes particuliers de se produire, suivant que la plante appartient aux Dicotylédonées ou aux Monocotylédonées.

Lorsque la tige est composée de deux systèmes distincts : ligneux et cortical (Dicotylédonées), la sève monte par le système central, spécialement par l'aubier, et, après avoir subi ses métamorphoses dans les feuilles, elle redescend par la face intérieure du système cortical ; ajoutant ainsi une zone de bois extérieurement au système ligneux et une zone d'écorce intérieurement au système cortical.

Lorsque les deux systèmes sont confondus (Monocotylédonées), la sève monte et descend par les mêmes voies ; de là l'absence des zones concentriques.

Enfin, la sève subit souvent des modifications particulières dont nous ne connaissons que les résultats. Elle se transforme en des substances diverses : fécule, huile essentielle, térébenthine, sucs laiteux, gommes, résines, etc., dont les unes restent internes et distribuées dans différents organes (lait), et dont les autres sont secretés par les organes glanduleux (exsudations sucrées, mielleuses, cireuses).

En résumé , les fonctions des racines sont :

1° De fixer le végétal au sol ;

2° D'absorber les liquides nourriciers;

3° D'excréter les matières impropres.

Celles des tiges :

1° De supporter les expansions ;

2° De distribuer les principes nourriciers.

Celles des feuilles ou autres organes verts :

1° De transpirer le surplus d'eau ;

2° D'aspirer le plus souvent l'acide carbonique de l'air, parfois l'oxygène ;

3° D'expirer le plus souvent l'oxygène résultant de la décomposition de l'acide carbonique et parfois de l'acide carbonique.

CHAPITRE III.

Troisième Epoque. — Fécondation.

Une fois les organes de la végétation développés, la sève se porte sur des bourgeons particuliers, terminaux ou latéraux, que l'on nomme boutons et détermine leur développement. C'est l'époque que l'on nomme Anthèse, c'est-à-dire épanouissement des fleurs.

A cette époque, le périanthe s'entr'ouvre, les loges des étamines s'ouvrent, le pollen se répand sur le stigmate, les grains polliniques se gonflent, éclatent, et la liqueur qu'ils contiennent pénétrant jusqu'aux sacs embryonnaires, la fécondation a lieu sur les ovules contenus.

Alors les enveloppes, florales destinées à protéger les organes sexuels et à favoriser leur contact, cessent leurs fonctions; la sève le plus souvent les abandonne, se porte sur l'ovaire et détermine son accroissement. A ce moment la fleur est passée, le fruit formé (noué); la fructification commence.

CHAPITRE IV.

QUATRIÈME EPOQUE. — **Fructification.**

La sève continue son mouvement, parcourt les divers tissus du jeune fruit qui grossit, traverse le placenta, le funicule, arrive jusqu'à l'ovule qui depuis la fécondation a pris le nom de graine. Du hile par le raphé la sève arrrive à la chalaze et afflue dans la cavité close que doit remplir l'amande. L'embryon créé ou vivifié par la fécondation se trouve dans ce liquide qui doit servir à son développement ; il y grandit peu à peu en absorbant la liqueur qui l'entoure. Tantôt il l'absorbe entièrement et, dans ce cas, à lui seul il constitue l'amande, tantôt il n'en absorbe qu'une partie, et le résidu se solidifiant constitue l'albumen.

Certains fruits acquièrent des proportions et des propriétés toutes particulières. Sous l'influence de la lumière et de la chaleur, la sève y forme du tissu utriculeux abondant, elle s'y concrète en composés ternaires les plus variés. Ce sont en général : la glucose (sucre incristallisable), la gomme, les acides malique, tartrique, citrique, pectique, la fécule, le ligneux, etc.

Avant la maturité, les fruits sont aigres par l'abondance des acides.

A la maturation, les alcalis tels que potasse, soude, venant se combiner avec les acides, le sucre devient plus sensible ; puis se déclare le parfum particulier.

Après la maturation, de nouvelles combinaisons s'opèrent et amènent enfin la putréfaction.

On peut dire que chaque fruit a son odeur et sa saveur particulières à la maturité. Il en est de doux, de sucrés, d'amers, d'âcres, de narcotiques, etc.

L'intensité de ces odeur et saveur est généralement détermi-

née par l'intensité de la lumière et de la chaleur qui a frappé les
fruits pendant leur formation. Aussi dit-on d'un fruit qu'il est
chaud lorsqu'il est savoureux, qu'il est froid lorsqu'il est insi-
pide. C'est par ce même motif que les divers côtés d'un même
fruit peuvent ne pas être égaux en mérite.

Ce que nous venons de dire du fruit proprement dit peut
s'appliquer également aux organes qui accompagnent le fruit et
qui acquièrent un développement spécial (poire, figue, fraise).

Dans le fruit parfait est la graine parfaite; en cet état, quelques graines sont quelquefois consommées comme des fruits
(noix, amande, châtaigne, haricot, cacao, café).

Les principes immédiats contenus dans les graines sont très
variés; ce sont principalement: la fécule, substance ternaire,
sans azote, qui domine dans les céréales (farine du blé); le
gluten, composé quaternaire azoté, nutritif, souvent associé à
la fécule (dans le blé); la légumine, substance azotée, très
nutritive, qui constitue la presque totalité de la substance des
graines des légumineuses (fécule de haricot).

En outre, les graines peuvent contenir des huiles, des alca-
loïdes, souvent des poisons dangereux.

CHAPITRE V.

Cinquième Époque. — Dissémination.

Une fois l'amande formée et parfaitement constituée et murie,
la fructification est terminée et la dissémination ou dispersion
des graines a lieu par une foule de moyens différents.

Ainsi disséminées, les graines ayant acquis tous les moyens
de conservation propres à chaque espèce, elles conserveront une
vie léthargique: c'est ce qu'on appelle la durée des graines.
Cette durée est très variable suivant les espèces; elle peut varier
encore suivant les circonstances extérieures et les précautions

qu'on peut prendre pour garantir leur conservation, précautions qui se résument à garantir les graines du contact de l'humidité et de la chaleur.

En dehors de ces précautions et en comparant la vitalité de plusieurs espèces on voit, par exemple, que les graines d'Angélique doivent être semées anssitôt après la maturité, et que le Blé peut se conserver indéfiniment.

Outre la durée de conservation, il en est une autre qu'on pourrait appeler de prégermination : c'est l'espace de temps que les graines, une fois confiées à la terre, emploient avant de germer. Cette durée est encore variable suivant les espèces. Ainsi, par comparaison, les graines de Cresson Alénois lèvent en trois jours, la Laitue en quatre jours, le Blé en six jours, le Persil en un mois, etc., etc. Cette durée, du reste, peut encore être modifiée par des circonstances extérieures, telles que la présence d'une chaleur et d'une humidité plus ou moins abondante, un enfouissement plus ou moins profond.

Avant de terminer ce qui a rapport à la vie de la plante, disons un mot de quelques phénomènes généraux qui se manifestent. Ces phénomènes principaux sont la Coloration, la Chaleur propre, la Phosphorescence et les Mouvements divers.

1° DE LA COLORATION.

Les végétaux présentent des couleurs variées, la verte domine; elle est due à la chlorophylle dans les utricules, chlorophylle qui se forme le plus communément par l'action combinée de l'air atmosphérique et de la lumière ; de laquelle action résulte une accumulation de carbone et une perte d'oxygène. Le défaut de cette combinaison, nous l'avons dit, amène ce qu'on appelle l'étiolement.

Mais tous les végétaux n'ont pas la couleur verte (Pérille de Nankin), et surtout la plupart ont avec elle d'autres couleurs (les corolles).

Le blanc, le jaune, le rouge, le violet, le bleu sont celles, après le vert, que l'on rencontre le plus fréquemment, à des degrés d'intensité variés ou combinés ensemble de manière à former toutes les nuances.

On a remarqué que généralement les fleurs jaunes peuvent passer au rouge et au blanc, mais jamais au bleu; que, dans beaucoup de genres, toutes les fleurs affectent la couleur bleue ou ses dérivés (Campanules), ou le jaune et ses dérivés (Renoncules), mais non l'un et l'autre à la fois. On a été conduit par là à deux séries distinctes dans la couleur des fleurs : la cyanique (bleu) et la xanthique (jaune).

Y a-t-il plusieurs matières colorantes? N'y en a-t-il qu'une seule susceptible de toutes les modifications? Comment les changements ou substitutions s'opèrent-ils? Questions difficiles à résoudre, sur lesquelles on a établi bien des hypothèses, qui ne sont guère satisfaisantes encore et qui, du reste, sont du domaine de la chimie.

2° DE LA CHALEUR PROPRE.

Les végétaux ont-ils, comme les animaux, une chaleur qui leur soit propre ? Pour répondre à cette question, il suffit de se rappeler que la chaleur dans les animaux est due à la combinaison chimique du carbone avec l'oxygène ; or, cette combinaison pouvant avoir lieu dans les végétaux d'une manière, il est vrai, plus faible, plus lente, moins continue, on conclut que les végétaux ont aussi une chaleur qui leur est propre. Les expériences sont venues confirmer cette conclusion.

Pendant la nutrition, ce développement de calorique a été trouvé faible et intermittent ; pendant la fécondation, il a été constaté plus actif. Ainsi, dans les Arums en fleur, il est assez sensible pour être apprécié par le simple contact.

3° DE LA PHOSPHORESCENCE.

Diverses observations faites prouvent que ce phénomène a lieu quelquefois. La fille de Linnée l'observa sur la Capucine ;

d'autres observateurs le constatèrent spécialement sur les fleurs aux nuances vives et dorées, dans les soirées qui suivent les journées chaudes et orageuses, dans le moment où l'exercice des fonctions vitales est le plus actif, et dans les parties qui dégagent l'acide carbonique et absorbent l'oxygène.

MOUVEMENTS DIVERS.

Nous savons que les organes des plantes ont des directions spéciales qu'elles tendent à prendre invinciblement. Qu'on fasse germer une graine dans un appareil tellement disposé que le milieu, humide et obscur (terre ou éponge humectée), se trouve placé au-dessus de la graine et non au-dessous : la radicule n'en tendra pas moins à descendre et la tigelle à s'élever.

Que l'on arque une branche, l'extrémité libre tendra toujours à se diriger vers la verticale.

Que l'on place une plante vivante dans un appartement, tous les rameaux s'inclineront vers la fenêtre.

On explique ce dernier fait par la lumière qui détermine la fixation du carbone sur le côté qui la regarde, conséquemment la solidification des tissus, conséquemment l'inflexion.

Les deux premiers faits ont été expliqués par l'endosmose (transvasement d'un liquide moins dense dans un autre liquide plus dense).

Mais, indépendamment de ces directions, les végétaux en grand nombre exécutent certains mouvements dont la plupart sont inexplicables ; tous les raisonnements aboutissent à constater la force vitale.

Parmi ces mouvements, on peut considérer le sommeil des feuilles, celui des fleurs, les mouvements de fécondation et ceux de déhiscence des fruits.

1° *Sommeil des feuilles.*

Ce sont surtout les feuilles composées qui sont assujetties à ce que l'on a appelé leur sommeil ; elles le prennent avec les poses les plus variées, par le redressement ou l'affaissement des folioles et des pétioles. Ce sommeil a lieu, tantôt suivant l'influence de la lumière, tantôt par des irritations provoquées par le contact (Sensitive); il est tantôt intermittent, tantôt continu (Hedysarum gyrans).

2° *Sommeil des fleurs.*

La lumière agit sur les fleurs et leur fait prendre diverses positions sur leurs pédoncules, suivant les heures du jour. C'est pourquoi l'on a donné à ces fleurs le nom d'*héliotropes* (Soleil annuel).

Un fait plus constant, c'est l'épanouissement de certaines fleurs à certaines heures et leur occlusion à certaines autres. C'est sur ce phénomène que Linné a basé son horloge de Flore. On a nommé *éphémères* les fleurs qui restent épanouies un seul jour; *équinoxiales*, celles qui s'ouvrent et se ferment plusieurs jours de suite, et *diurnes* ou *nocturnes*, celles dont l'épanouissement a lieu le jour ou la nuit.

3° *Mouvement de fécondation.*

C'est au moment de la fécondation que ces mouvements sont les plus manifestes dans certaines fleurs. Tantôt, par la courbure des filets, les étamines approchent leurs anthères des stigmates (Rue, Parnassie, Saxifrage-à-trois-doigts); tantôt le style se porte au dehors vers les étamines (Passiflores, Onagres, Cierges, Nigelle cultivée); tantôt les deux mouvements s'opèrent à la fois (Malvacées).

D'autres fois, ce sont des mouvements brusques d'étamines qui s'opèrent, provoqués par l'attouchement d'un corps étranger (Pariétaire, Épine-vinette, Cistinées) ou des mouvements de stigmates (Lobélies, Gratiole, Gentianes).

TROISIÈME PARTIE.

PHYTHOGRAPHIE.

La Phytographie s'occupe de la description de tous les végétaux.

En jetant les yeux sur ceux qui sont répandus autour de nous, nous voyons dans chacun d'eux un *individu*.

Plusieurs d'entr'eux nous paraissent semblables. Cette collection de tous les individus qui se ressemblent et qui par la génération en reproduisent de semblables, s'appelle *espèce*. Toutefois, cette ressemblance peut ne pas être identique entre des individus provenant cependant de mêmes parents ; ce sont alors des *variétés* de l'espèce. La cause la plus puissante de la variété réside dans l'hybridité (fécondation d'un individu d'une espèce par une espèce différente).

S'il n'existait qu'un nombre borné d'espèces, la mémoire suffirait pour en retenir le signalement ; mais comme il en est autrement, on a dû grouper celles qui offraient entr'elles une certaine ressemblance manquant aux autres, et ce groupe d'un ordre plus élevé prit le nom de *genre*.

Les genres eux-mêmes ont dû se multiplier; il fallut les rassembler suivant des caractères plus généraux encore, en diverses sections; il fallut, en un mot, établir une classification. L'étude des diverses classifications s'appelle *Taxonomie*. Nous n'étudierons que les plus importantes.

Les plus anciens auteurs de traités sur les plantes les partageaient en plusieurs catégories, mais seulement d'après leur aspect général, et surtout d'après leurs propriétés. Ainsi se sont exprimés Théophraste, Dioscoride, Tragus, Lonicère, Dodoens, Lobel, L'Ecluse, Daléchamp, Porta, etc.

Puis, vinrent quelques tentatives de classifications organographiques. Ainsi s'exprimèrent Césalpin, Zaluzianski, G. Bauhin, J. Bauhin, Morison, Rai, Christophe Knaut, Magnol, P. Hermann, Rivin, etc.

Enfin, en 1694, parut la méthode du célèbre Joseph Pitton de Tournefort, qui pendant un temps fut suivie par tous les botanistes.

Voici en quoi elle consistait :

Méthode de Tournefort.

CLASSES.

N°	Classe	Exemple
1	campaniformes	Campanule.
2	infundibuliformes	Pervenche.
3	personnées	Muflier.
4	labiées	Sauge.
5	cruciformes	Chou.
6	rosacées	Fraisier.
7	ombelliformes	Angélique.
8	caryophyllées	OEillet.
9	liliacées	Lis.
10	papilionacées	Haricot.
11	anomales	Violette.
12	flosculeuses	Chardon.
13	demi-flosculeuses	Chicorée.
14	radiées	Soleil.
15	à étamines	Oseille.
16	sans fleurs	Fougères.
17	sans fleurs ni graines	Champignons.
18	apétales	Frêne.
19	amentacées	Saule.
20	monopétales	Lilas
21	rosacées	Rose.
22	papillonacées	Cytise.

FLEURS :
- D'HERBES
  - pétalées
    - simples
      - monopétales : régulières (1, 2), irrégulières (3, 4)
      - polypétales : régulières (5, 6, 7, 8, 9), irrégulières (10, 11)
    - composés (12, 13, 14)
  - non pétalées (15, 16, 17)
- D'ARBRES
  - non pétalées (18)
  - monopétalées (19, 20)
  - polypétalées (21, 22)

Les classes se subdivisent en ordres, tirés le plus souvent de la forme du fruit, quelquefois des sous-formes de la corolle ou du calice, etc., etc.

Il est facile de voir le grand vice de cette méthode : la division des végétaux en arbres et en herbes, division qui tranche des genres très naturels (Potentilles, Coronilles), qui tranche même les individus d'une même espèce (Ricin, qui est arbre dans sa patrie et herbe chez nous).

Il serait d'ailleurs difficile de se contenter des formes de corolles adoptées par Tournefort, aujourd'hui que le nombre des végétaux connus s'est si fort accru. En effet, la classification de Tournefort ne reposait que sur 10,000 espèces environ.

C'est à cet auteur que nous devons l'idée de désigner les genres par un nom unique.

Après Tournefort vinrent Boerhaave, Chrétien Knaut, Rupius, Pontédéra, Buxbaum, Ludwig, Siegesbeck, qui furent les auteurs de classifications qui ne peuvent détrôner celle de Tournefort.

En 1734, parut la classification de l'immortel Linné. Cette classification, appelée *système sexuel*, fut basée sur les organes de la fécondation négligés jusques alors. Deux autres innovations que Linné annexa à son système le firent adopter par tous. Nous voulons parler : 1° de la caractérisation de l'espèce. En effet, Linné sut faire disparaître une foule de variétés de plantes en les réunissant à leur type spécifique. Et 2° de la nomenclature des espèces. Avant Linné, chaque genre portait bien un nom unique, mais pour l'espèce, ce nom devait être suivi d'une périphrase récapitulant tous les caractères distinctifs. Linné réduisit le nom d'une plante à deux mots : un substantif pour désigner le genre, et un adjectif pour indiquer l'espèce.

Voici le tableau du système sexuel :

Système sexuel de Linné.

							CLASSES.	
PLANTES	à organes sexuels visibles	étamines et pistils dans la même fleur	étamines et pistils non adhérents entre eux	étamines libres	égales	1 étamine	1 monandrie	Hippuride.
						2	2 diandrie	Véronique.
						3	3 triandrie	Valériane.
						4	4 tétrandrie	Scabieuse.
						5	5 pentandrie	Héliotrope.
						6	6 hexandrie	Narcisse.
						7	7 heptandrie	Marronnier.
						8	8 octandrie	Capucine.
						9	9 ennéandrie	Laurier.
						10	10 décandrie	Dictame.
						11-19	11 dodécandrie	Asaret.
						20 — sur calice	12 icosandrie	Amandier.
						20 — sur le torus	13 polyandrie	Pavot
					inégales	4 étamines dont 2 plus longues	14 didynamie	Menthe.
						6 étamines dont 4 plus longues	15 tétradynamie	Chou.
				étamines unies	par les filets	en un faisceau	16 monadelphie	Mauve.
						en deux faisceaux	17 diadelphie	Pois.
						en plusieurs faisceaux	18 polyadelphie	Oranger.
					par les anthères		19 syngénésie	Chardon.
			étamines et pistils adhérents entre eux				20 gynandrie	Orchis.
		étamines et pistils séparés	fleurs unisexuées mâles et femelles	sur le même individu			21 monœcie	Courge.
				sur deux individus différents			22 diœcie	Chanvre.
			fleurs unisexuées et hermaphrodites sur le même individu				23 polygamie	Pariétaire,
	à organes sexuels invisibles						24 cryptogamie	Fougères.

5

Les classifications que nous venons de voir peuvent être regardées plus ou moins comme des systèmes artificiels et non comme des méthodes naturelles. En effet, les espèces y sont à la vérité groupés naturellement par l'ensemble de leurs caractères ; mais pour les grandes divisions , classes, ordres, la marche n'y est plus naturelle.

Il aurait fallu que l'on fît, pour grouper les genres entre eux, une opération analogue à celle que l'on avait faite pour grouper les espèces entr'elles , qu'on rapprochât les genres par une somme de ressemblances ou caractères de plus en plus importants.

C'est ce qu'essayèrent avec plus ou moins de succès Adrien Royen, Haller, Sauvages, Morandi, Seguier, Vachendorf, Heister, Gleditsch, Bergen, Duhamel, Allioni, Adanson, sans pouvoir y réussir.

Ce fut en 1759 que Bernard de Jussieu essaya un arrangement naturel des genres dans le Jardin de Trianon , que, en 1789, son neveu Antoine-Laurent de Jussieu, compléta et publia dans un Genera Plantarum.

Voici les principales divisions de cette méthode :

Méthode de Jussieu.

			CLASSES.	
PLANTES	acotylédonées.		acotylédonie	*Fougères.*
	monocotylédonées, à étamines	hypogynes	monohypogynie	*Aroïdées.*
		périgynes	monopérigynie	*Asparaginées.*
		épigynes	monoépigynie	*Orchidées.*
	dicotylé-donées	apétales, à étamines	épigynes épistaminie	*Aristolochiées.*
			périgynes péristaminie	*Daphnoïdées.*
			hypogynes hypostaminie	*Amarantacées.*
		monopétales, à étamines	hypogynes hypocorollie	*Primulacées.*
			périgynes péricorollie	*Campanulacées.*
			épigynes {synanthérie	*Composées.*
			{corysandrie	*Dipsacées.*
		polypétales, à étamines	épigynes épipétalie	*Ombellifères.*
			hypogynes hypopétalie	*Renonculacées.*
			périgynes péripétalie	*Crassulacées.*
	diclines irrégulières		diclinie	*Euphorbiacées.*

Depuis Bernard et Antoine Laurent de Jussieu on a cherché à modifier la méthode naturelle. Les uns ont renversé totalement l'ordre établi par de Jussieu et finissent par les Cryptogames; les autres commencent par les Dicotylédonées à fleurs complètes et polypétalées; d'autres, par les Synanthérées. La raison de tous ces changements est dans l'appréciation du plus ou moins composé ou complet, et dans l'opportunité de commencer ou finir par l'un ou par l'autre.

Les uns, comme Adrien de Jussieu, fils d'Antoine-Laurent, tout en renversant l'ordre et en rejetant les épigynes, ont augmenté le nombre des classes, en prenant en considération la disposition des placentas, la présence ou l'absence de l'albumen, la forme de l'embryon, etc.

D'autres, et notamment le P. de Candolle, ont au contraire diminué le nombre des divisions en renversant l'ordre également. Comme cette dernière méthode est assez généralement suivie en France, en voici le tableau :

CLASSES.

PLANTES	vasculaires ou cotylédonées	exogènes ou dicotylédonées	Thalamiflores	*Renonculacées.*
			Caliciflores	*Rosacées.*
			Corolliflores	*Primulacées.*
			monochlamydées	*Polygonées.*
		endogènes ou moncotylédonées	Phanérogames	*Liliacées.*
			Cryptogames	*Fougères.*
	Cellulaires ou acotylédonées . . . . *Lichens.*			

Indépendamment de ces divers systèmes ou méthodes, il en est une *analytique* qui rend de bien grands services aux jeunes botanistes. C'est la méthode *dichotomique* inventée par De Lamarck.

Éminemment artificiel, ce système consiste à poser une série de doubles questions qui, de renvoi en renvoi, mènent jusqu'au nom spécifique de l'individu inconnu.

Il ne s'astreint à aucun ordre de caractère; il prend l'un, laisse l'autre pour reprendre ensuite le premier; il n'hésite même pas à vous conduire au but parfois par deux chemins différents. S'il a l'avantage d'être très commode pour le commençant, il a l'inconvénient de le conduire, pour ainsi dire, aveuglément au but, sans lui laisser dans l'esprit aucune idée nette de caractère hiérarchique et de classification.

DICTIONNAIRE DES TERMES

USITÉS GÉNÉRALEMENT EN BOTANIQUE.

A

A, à la tête d'un mot, indique négation.

Absorption, introduction par les racines des fluides nourriciers.

Acaule, sans tige apparente.

Accessoire (organe), qui ne se rancontre pas communément sur les végétaux.

Accombant (cotylédon), ayant les bords appliqués contre la radicule.

Accrescent (style, calice), grandissant après avoir rempli ses fonctions.

Acéré (feuille), étroit, dur, terminé en pointe aiguë.

Achaine (voyez Akène).

Aciculaire (feuille), en forme d'aiguille.

Acide (odeur, saveur, principe chimique), qui est pénétrant.

Acotylédone (plante), sans cotylédon.

Acuminé, qui se rétrécit brusquement.

Adelphie, étamines unies en faisceau.

Adhérence, soudure d'un organe avec un autre de nom différent.

Adné, fixé immédiatement sur une partie quelconque.

Ados, terrain incliné au midi.

Adoucissant (plante), qui tempère l'acrimonie des humeurs, les inflammations.

Adventif (bourgeons, racines), qui se développe à une position non ordinaire.

Aérien, qui se développe en l'air.

Agame, dépourvu d'organes sexuels.

Aggloméré, ramassé en peloton.

Agglutiné, formant masse pâteuse.

Agrégé (fleur), aggloméré.

Agreste, qui croît naturellement dans les terrains labourés.

Aigrette (calice atrophié), faisceau de poils qui sur monte quelques fruits.

AIGU, terminé en pointe.

AIGUILLON, piquant placé sur la cuticule.

AILE, étalement en forme de lame mince.

AISSELLE, angle formé par le point d'adhérence d'une partie avec une autre.

AKÈNE, fruit sec, monosperme, indéhiscent, non adhérent au péricarpe.

ALBUMEN, partie de l'amande autre que l'embryon.

ALPESTRE (plante), qui croît sur les montagnes de moyenne hauteur.

ALPIN (plante), qui croît sur les montagnes élevées.

ALTERNE (feuille, rameau), placé non en regard.

ALVÉOLE, petite fossette ou trou anguleux.

AMANDE, tout ce qui est sous le derme de la graine.

AMIDON, sorte de fécule, abondante dans les graines de céréales.

AMPHIBIE (plante), qui peut vivre dans l'eau et hors de l'eau.

AMPHITROPE (embryon), courbé.

AMPLEXICAULE (feuille), embrassant la tige.

ANASTOMOSE, réunion de diverses parties rameuses les unes avec les autres.

ANATOMIE, étude des tissus.

ANATROPE (ovule) droit, mais renversé.

ANCIPITÉ (feuille), allongé, tranchant aux deux bords, renflé au milieu longitudinalement.

ANDRE (du grec), mâle, étamine.

ANDROCÉE, ensemble des étamines d'une fleur.

ANDROGYNE (plante, fleur), ayant étamines et carpelles.

ANDROPHORE, appareil résultant de la soudure des filets de plusieurs étamines.

ANNUEL, qui vit un an.

ANNULAIRE (embryon), allongé et courbé en anneau.

ANODIN (plante), qui calme les douleurs.

ANOMALE (fleur), irrégulier et ne rentrant pas dans les formes dénommées.

ANTHÉ (du grec), fleur.

ANTHÈRE, partie supérieure de l'étamine qui renferme le pollen.

ANTHÈSE, épanouissement de la fleur.

ANTITROPE (embryon), qui a une direction contraire à celle de la graine.

AOUTÉ (bourgeon, bois), endurci de façon à résister à l'hiver.

APÉTALE (fleur), sans pétale.

APHYLLE, sans feuille.

APICULAIRE, placé au sommet.

APICULÉ, terminé brusquement en pointe courte.

71

APPENDICULAIRE (organe), qui est un épanchement de la substance de l'axe.

APOTHÉCIE, organe qui renferme les spores des lichens.

APPENDICE, partie accessoire.

APPRIMÉ (feuille), rapproché parallèlement contre la tige.

APRE, rude.

AQUATIQUE, qui vit dans l'eau.

ARBRE, plante ligneuse, de taille élevée, ayant un tronc et des bourgeons axillaires.

ARBRISSEAU, plante ligneuse moins élevée que les arbres, n'ayant pas de tronc, mais ayant des bourgeons axillaires.

ARBUSTE, plante ligneuse, au moins à la base, sans bourgeons axillaires.

ARCURE, inflexion naturelle ou artificielle des branches.

ARENAIRE, qui croît dans les sables.

ARÊTE, appendice grêle et raide.

ARILLE, prolongement du funicule autour de la graine.

ARISTÉ, pourvu d'arête.

AROMATIQUE, à odeur forte et agréable.

ARTICULATION, point où deux parties se séparent sans déchirement.

ASCENDANT (axe), opposé à la racine ; — (tige, rameau) horizontal à la base, puis se courbant pour gagner la verticale.

ASPIRATION, introduction des fluides aériens.

ASSIMILATION, acte par lequel les végétaux s'approprient les substances.

ASSOUPISSANT (plante), narcotique qui provoque le sommeil et une diminution de sentiment.

ASTRINGENT (plante), à saveur âpre, remédiant à l'atonie et au relâchement des organes.

ATROPHIATION, avortement plus ou moins complet.

ATTÉNUÉ (lame), diminuant de la base au sommet, ou du sommet à la base.

AUBIER, couches du bois les plus jeunes et les plus extérieures.

AURICULE, petite oreille.

AVORTEMENT, cessation, annulation d'un développement commencé.

AXE, toute partie du végétal qui n'est pas d'origine expansionnaire.

AXILE (placenta), au centre d'un capitel à une loge.

AXILLAIRE (bourgeon, rameau, fleur, etc), placé à l'aisselle.

Baccifère, qui porte des baies.

Bacciforme, en forme de baie.

Baie, fruit charnu, sans noyau, à graines éparses dans la pulpe.

Bale, euveloppe des fleurs des graminées.

Bandelette, saillies que forment les canaux résineux sur le fruit des ombellifères.

Barbe, arête des graminées.

Basilaire, naissant à la base.

Batard (fruit), qui n'est pas d'une origine franche.

Battant, pièce d'un fruit déhiscent.

Bec, pointe terminale d'un fruit.

Bi ou Bis (du latin), deux.

Blastème, axe de l'embryon.

Bois, corps ligneux qui a acquis sa dureté.

Botanique, étude des plantes.

Bouquet, (inflorescence), ombelle simple, dont les fleurs s'élèvent au même niveau.

Bourse, rameau renflé et ridé qui porte fruits.

Bourgeon, rudiment du végétal ou de partie de végétal, ordinairement enveloppé d'écailles et ne provenant pas d'une fleur ; — rameau dans sa première année.

Bourgeonnement, développement et évolution des bourgeons.

Bourrelet, renflement sur la surface des végétaux.

Bouton, fleur non épanouie ; — bourgeon.

Bouture, rameau séparé du sujet et mis en terre pour lui faire produire des racines.

Bractée, feuille modifiée sous un groupe de fleurs.

Bractéole, feuille modifiée sous une fleur.

Branche, division de la tige.

Brindille, dernière ramification des branches ; — branche très menue, très courte, qui doit porter fruit l'année suivante.

Broussailles, ramassis de petits arbrisseaux.

Buisson, ramassis de divers arbrisseaux dont on entoure les champs.

Bulbe, bourgeon souterrain, charnu.

Bulbille, bourgeon aérien, charnu, qui se détache de la plante mère.

Bullé (feuille), couvert de bosselures.

C

CADUC, qui tombe promptement.

CALATHIDE, réceptacle; — capitule.

CALCARIFORME (sépale, pétale), en forme d'éperon.

CALICE, enveloppe extérieure de la fleur.

CALICULE, enveloppe formée par des bractéoles sous le calice.

CALLEUX (feuille), couvert de durillons.

CALMANT (plante), qui émousse le sentiment ou provoque le sommeil.

CAMBIUM, sève descendante élaborée.

CAMPESTRE (plante), qui croît spontanément dans les lieux incultes et découverts.

CAMPULITROPE (ovule), courbé.

CANAL MÉDULLAIRE, cavité cylindrique contenant la moelle centrale.

CANALICULÉ, creusé en gouttière.

CANNELÉ, marqué de côtes et de sillons parallèles.

CAPILLAIRE, fin, comme un cheveu.

CAPITÉ, en tête arrondie.

CAPITEL, l'ensemble des carpelles d'une fleur.

CAPITULE, inflorescence dont les fleurs sont sessiles au sommet d'un pédoncule dilaté.

CAPSULE (en général), fruit sec, polysperme, déhiscent.

CARÉNÉ (feuille, pétale, etc.), en forme de quille de vaisseau.

CARIOPSE ou CARYOPSE, fruit sec, monosperme, indéhiscent, adhérent au péricarpe.

CARONCULE, arille peu développée.

CARPE (du grec) fruit; — partie inférieure du carpelle qui contient les graines.

CARPELLE, organe femelle.

CARPOLOGIE, étude des fruits.

CARPOPHORE, placenta des fruits des ombellifères.

CARYOPHYLLÉ (corolle), à cinq pétales, à longs onglets cachés dans le calice.

CARTACÉ (carpe), uni, tenace et flexible, comme une carte.

CARTILAGINEUX (feuille, carpe) dur et tenace comme un cartilage.

CASQUE (Orchidées, Aconits), partie supérieure du périanthe de la fleur.

CATHARTIQUE (plante), purgatif.

CAUDÉ, en forme de queue.

CAUDEX, axe, tige ou racine.

Caudicule (Orchidées), rétrécissement à la base de la masse pollinique.

Caule (du grec), tige.

Caulescent, muni d'une petite tige.

Caulinaire, qui tient à la tige.

Cayeu, bourgeon bulbeux placé à l'aisselle des écailles d'un bulbe.

Cellule, petite outre, élément des tissus.

Cellulaire, à cellules.

Central (placenta), au centre d'un capitel à plusieurs loges.

Centrifuge (inflorescence), qui se développe du centre à la circonférence.

Centripète (inflorescence), qui se développe de la circonférence au centre.

Céphale (du grec), tête.

Céphalique (plante), qui guérit les maux de tête.

Céphaloïde (fleurs), rassemblé en tête.

Céréales (plantes), dout les graines farineuses servent à faire du pain.

Cespiteux (voyez gazonnant).

Chair, substance plus ou moins ferme, utriculeuse.

Chalaze, cicatrice sur l'endoderme, au point où aboutit le raphé.

Champêtre (plante), qui croît spontanément dans les lieux incultes et découverts.

Chapeau, renflement sporifère des champignons.

Charnu, à consistance de chair.

Chaton, épi de fleurs unisexuées sur un axe articulé et flexible

Chaume, tige noueuse et fistuleuse de graminée.

Chauve, sans poil.

Chevelu, ensemble des dernières ramifications filiformes des racines.

Chicot, petit tronçon de branche morte attaché à un arbre.

Chlamide (du grec), chemise, enveloppe.

Chlorophylle, globules verts, de nature d'amidon, qui flottent dans les utricules.

Cicatrice, marque laissée par la chute d'un organe; — plaie.

Cils, poils droits disposés aux bords d'un organe.

Cilié, qui a des cils.

Cime, inflorescence définie, celle dont la fleur s'épanouit la première; — fleurs disposées en plateau.

Circiné (feuille, inflorescence), roulé en crosse.

Cirrhe, organe filamenteux qui s'enroule.

Classe (classification), grand groupe de végétaux qui se subdivise en familles.

Claviforme, en forme de massue,

CLINANTHE, réceptacle, thalame.

CLINE (du grec), lit.

CLOISON, membrane qui sépare les loges.

CŒUR DE BOIS, bois du centre, bois parfait.

COIFFE, organe qui recouvre l'urne des Mousses.

COLÉORHIZE, organe qui enveloppe certaines radicules.

COLLERETTE, involucre ou involucelle des ombellifères.

COLLET, plan situé entre la tige et la racine.

COLORÉ, d'une couleur autre que le vert.

COLUMELLE, placenta; — axe au centre de l'urne des mousses.

COMMISSURE face par laquelle les deux carpelles des ombellifères étaient accolés.

COMPLET, (feuille, fleur), muni de toutes ses parties.

COMPLEXE (organe), qui est constitué par un axe et des expansions.

COMPOSÉ (organe), constitué par une agglomération d'utricules seules, ou d'utricules et de fibres.

CONCEPTACLE, sorte de silique, mais à une loge; — sporidie.

CONCOLOR, qui a une seule et même couleur.

CONDIMENTAIRE (plante), qui sert d'assaisonnement.

CONDUPLIQUÉ (préfoliation), lorsque les feuilles sont pliées en long, en deux moitiés.

CÔNE, épi de fleurs carpellées, sur un axe rigide, garni de bractées ligneuses.

CONGÉNÈRE, du même genre.

CONNÉ (feuille), opposé et soudé par la base.

CONNECTIF, organe qui réunit les deux loges d'une anthère.

CONNIVENT, (feuilles) dont les sommités se rapprochent.

CONVERGENT, (nervures) dont les sommités se rapprochent.

CONVOLUTÉ, (préfoliation), lorsque les feuilles sont roulées longitudinalement sur elles-mêmes.

CONVOLUTIF, (préfloraison), lorsque le périanthe, inséré en spirale, se compose de pièces qui s'enveloppent complètement en longueur et en largeur.

COQUE, fruit à déhiscence élastique; — capsule.

CORDÉ, en forme de cœur.

CORDIAL (plante), qui ranime les forces du cœur.

CORDIFORME, en forme de cœur.

CORDON OMBILICAL, support particulier de chaque graine.

COROLLE, enveloppe intérieure d'une fleur.

CORPS DE RACINE, principales divisions de la racine.

CORRUGATIF, (préfloraison), à périanthe chiffonné.

CORTICAL, qui adhère ou appartient à l'écorce.

CORYMBE, grappe composée, dont les fleurs s'élèvent au même niveau.

COSSE, gousse.

CÔTE, partie saillante des nervures.

COTONNEUX, couvert de poils entrelacés et crépus.

COTYLÉDON, } première expansion de l'embryon.
COTYLE,

COUCHE, amas de fumier chaud, recouvert de terreau.

COULANT, tige couchée et s'enracinant de distance en distance.

COURONNE, appendice de la fleur des narcisses ; — cicatrice laissée par la chute de la fleur au sommet des fruits infères.

CRAMPON, sorte de racines qui sert à attacher aux corps voisins certains végétaux parasites ou faux-parasites.

CRENELÉ (feuille), bordé de dents arrondies et étroites.

CRUCIFORME (corolle), à quatre pétales onguiculés opposés en croix.

CRISTÉ, en crête.

CROSSETTE, bouture munie à sa base d'une fraction de vieux bois.

CRUSTACÉ (thalle des lichens), en forme de croûte sèche et friable

CRYPTOGAME, à organes sexuels nuls ou ignorés.

CUCULLIFORME, en forme de capuchon ou de cornet.

CUNÉIFORME, en forme de coin.

CUPULE, assemblage de bractées unies autour de certains fruits ; — petite coupe.

CUSPIDÉ (feuille), terminé en pointe dure et piquante.

CUTICULE, membrane utriculeuse qui revêt les feuilles, les jeunes pousses, etc.

CYATHIFORME (corolle, glande), en forme de gobelet.

CYLINDRIQUE, en forme de cylindre.

CYMBIFORME, en nacelle.

CYME (voyez Cime).

D

DÉCA (du grec), dix.

DÉCHAUSSEMENT, enlèvement circulaire d'une partie de terre.

DÉCIDU, qui tombe après avoir rempli ses fonctions.

DÉCLINÉ (organe), arqué et se relevant vers le sommet.

Décollé (greffe), séparé du sujet.

Décombant (tige), se ployant vers la terre.

Décomposé (feuille), à pétiolules secondaires.

Décurrent (feuille), accolé dans sa partie inférieure contre l'axe.

Défeuillaison, chute des feuilles.

Défoliation (voyez défeuillaison).

Défini (inflorescence), centrifuge ; — (étamines) de 1 à 12.

Dégénérescence, déformation d'organes ; — altération d'une plante.

Déhiscence, rupture naturelle d'un organe clos.

Déjection (voyez sécrétion).

Délayante (plante), qui rend les humeurs plus fluides.

Deltoïde, en forme de delta ou triangle.

Demi-Fleuron, fleur irrégulière en languette, dans les composées.

Dendre (du grec), arbre.

Dent, petite incision aiguë, droite.

Dent de scie,
Dentelure, } petite incision aiguë, inclinée d'un côté

Denticule, très petite dent.

Dépuratif (plante), qui épure le sang et les humeurs.

Derme, enveloppe d'une graine.

Descendant (axe), racine.

Déterminé (inflorescence), centrifuge.

Détersif (plante), qui nettoie ou purge une plaie.

Di (du grec), deux.

Dialy (du grec), libre.

Dialypétale, à pétales libres.

Dialysépale, à sépales libres.

Dialystémon, à étamines libres.

Diaphorétique (plante), qui corrige l'âcreté du sang.

Dichotome, divisé en bifurcations qui se bifurquent de nouveau.

Dicline (plante), dont les fleurs unisexuées sont sur des pieds différents.

Didyme, formé de deux parties semblables attachées au même point.

Didyname (androcée), formé de quatre étamines, dont deux sont plus
      grandes.

Diffus, épars et étalé sans ordre.

Digité (feuille composée), à folioles disposées comme les doigts d'une main.

Dioïque (voyez Dicline).

Diplostémone (fleur), à étamines en nombre double de celui des pétales.

Disque, réceptacle ; — proéminence du thalame entre les expansions florales.

DISTIQUE (feuilles), disposé alternativement sur les deux côtés opposés d'un axe.

DIVARIQUÉ, s'écartant à angle très ouvert.

DIVERGENT, s'écartant à angle ouvert.

DIURNE (fleur), qui s'épanouit pendant le jour.

DODÉCA (du grec), douze.

DOLABRIFORME, en forme de doloire.

DORMANT (bourgeon), stationnaire après formation.

DORSAL, sur le dos.

DORSALE, nervure principale d'une lame de feuille.

DOUBLE (fleur), dont les organes sexuels se sont convertis en pétales; — (périanthe) composé de calice et de corolle.

DRAGEON, qui naît du pied de certaines plantes et qui s'enracine naturellement çà et là.

DRASTIQUE (plante), qui purge violemment.

DRUPE, fruit charnu, à noyau.

DYSSENTÉRIQUE (plante), qui guérit de la dyssenterie.

E

ECAILLES, appendices aplatis qui recouvrent certaines parties des organes; — lames sèches et coriaces (sur les bourgeons), souvent charnues (sur les bulbes).

ECHANCRÉ, présentant au sommet un sinus arrondi et peu profond.

ECHINÉ, armé d'épines.

ECIMÉ. privé de sa tête.

ECORCE, système extérieur des tiges ligneuses dicotylédonées.

ECUSSON, portion d'écorce portant un bourgeon.

EFFEUILLAISON, chute des feuilles.

ELÉMENTAIRE (organe), qui par son agglomération constitue la matière végétale.

ELLIPTIQUE (feuille), se rétrécissant insensiblement, par un contour arrondi, du milieu aux deux bouts, qui sont égaux.

EMARGINÉ (feuille, pétale), échancré.

EMBRASSANT (voyez Amplexicaule)

EMBRYON, partie de la graine spécialement destinée à reproduire la plante.

EMERGÉ, plongé dans l'eau et s'élevant parfois à sa surface.

EMÉTIQUE (plante), qui provoque le vomissement.

EMMÉNAGOGUE (plante), qui excite le flux menstruel.

EMOLLIENT (plante), qui amollit les duretés, les tumeurs.

EMONDER, retrancher les rameaux superflus.

EMULSIF (plante), qui contient une liqueur huileuse et laiteuse.

ENDHYMÉNINE, enveloppe intérieure du grain pollynique.

ENDO (du grec), en dedans.

ENDOCARPE, partie intérieure de l'enveloppe carpellaire.

ENDODERME, partie intérieure de l'enveloppe de la graine.

ENDOGÈNE (plante), croissant en dedans, monocotylédonées.

ENDOPLÈVRE, endoderme.

ENDOSPERME (voyez Albumen).

ENERVÉ, sans nervures.

ENERVIÉ, sans nervure.

ENGAÎNANT (feuilles), dont la base forme un tube qui entoure l'axe.

ENGRAIS, substances qui augmentent les principes nécessaires à la végéta·
     tion.

ENNÉA (du grec), neuf.

ENSIFORME (feuille), en glaive à deux bords tranchants.

ENTE (voyez Greffe).

ENTRE-NOEUD, mérithalle, espace d'axe compris entre deux insertions de
     feuilles.

ENVELOPPE HERBACÉE, couche utriculeuse située au-dessous de la cuticule
     de l'écorce.

EPARS (feuilles), disposé sur l'axe sans ordre régulier.

EPERON, prolongement creux et conique situé à la base de certaines
     enveloppes florales.

EPHÉMÈRE (fleur), qui ne vit que quelques heures.

EPI (du grec), au-dessus, en dehors.

EPI, inflorescence déterminée, à fleurs sessiles sur un pédoncule prolongé.

EPICARPE, membrane extérieure des fruits.

EPIDERME, surface extérieure des végétaux, cuticule ou tissus sous-jacent.

EPIGÉ (cotylédon), qui s'élève au-dessus du sol.

EPIGYNE (étamine), placé en apparence sur le carpelle.

EPILLET, fraction distincte d'un épi composé.

EPINE, production dure et piquante qui ne peut se détacher sans déchire.
     ment.

EPIPHYLLE (plante), qui naît sur les feuilles d'autres végétaux.

EPIPHYTE (plante), qui naît sur d'autres végétaux sans y puiser la nourriture.

EPISPERME , peau de la graine.

EPIXYLONE (plante), qui naît et vit sur le bois.

DISSÉMINATION, dispersion naturelle des graines.

EQUINOXIAL (fleur), dont la fleur s'ouvre et se ferme plusieurs fois ; — spontanée sous les tropiques.

EQUITANT , (feuilles), pliées dans leur longueur et logeant dans leur pli une feuille pliée de même.

ERGOT (voyez Chicot); — production parasite sur les graines des céréales.

ERODÉ , rongé sur les bords.

ESPALIER , arbres conduits en forme plate et appliqués contre un mur.

ESPÈCE , plantes qui se ressemblent et qu'on peut supposer provenues d'une seule et même graine.

ESSENCE , huile aromatique ; — nature d'une plantation forestière.

ESTIVAL , qui paraît pendant l'été.

ETALÉ , écarté à angle droit.

ETAMINE, expansion appartenant à la fleur et qui en constitue l'organe mâle.

ETENDARD , pétale supérieur de la fleur des papillonacées.

ETIOLEMENT , maladie provoquée par la privation continue de la lumière.

ETUI MÉDULLAIRE , cylindre central qui contient la moële centrale.

Ex (du latin), privé de, hors de.

EXABULMINÉ , sans albumen.

EXCRÉTION, acte par lequel les végétaux rejettent par les racines les substances impropres.

EXCROISSANCE , protubérance produite par une sève surabondante.

EXERT , saillant au dehors.

EXHYMÉNINE , enveloppe extérieure du grain pollinique.

Exo (du grec), en dehors.

EXOCARPE , enveloppe extérieure du fruit.

EXODERME , enveloppe extérieure de la graine.

EXOGÈNE (plante), qui croît en dehors, monocotylédonée.

EXOSTOSE , excroissance sur les tiges.

EXOTIQUE (plante), étranger à notre climat.

EXPANSION , épanchement au dehors de la substance des axes, en feuille , pétale , etc.

EXPANSIONAIRE (organe), qui est constitué par un épanchement de la substance de l'axe.

EXPECTORANT (plante), qui chasse des poumons les humeurs nuisibles.

EXPIRATION , propriété qu'ont les plantes de rejeter certains gaz.

EXTRA (du latin), en dehors, au-dessus.

Extra axillaire, qui naît hors de l'aisselle.

Extrorse (déhiscence des anthères), du côté opposé au centre de la fleur.

F

Face, surface des feuilles.

Facies, port, aspect d'une plante.

Falciforme,
Falqué, } courbé en faulx.

Famille, groupe de plantes classées et comprenant divers genres.

Fane, assemblage des feuilles desséchées d'une plante.

Fasciculé, en faisceau ou paquet.

Fascié (feuille), qui présente des bandes de diverses couleurs; — (tige), déformée par des soudures de rameaux.

Fastigié, qui se termine à la même hauteur; — (branches), qui se rapprochent toutes de la tige.

Fausse-Cloison, cloison qui n'a pas son origine normale.

Faux-Bois, branches mal conditionnées que l'on doit retrancher par la taille des arbres.

Faux-Parasite (plante), qui croît et se cramponne sur d'autres végétaux sans y puiser nourriture.

Fébrifuge (plante), propre à la guérison des fièvres.

Fécondation, acte par lequel le pollen pénètre aux ovules et les vivifie.

Fère (du latin), qui porte.

Festonné (feuille), bordée de dents larges, arrondies, peu profondes.

Feuillaison, époque où l'ensemble des feuilles se développe.

Feuille, expansion ordinairement verte, aplatie, qui orne les tiges, les branches et les rameaux.

Feuille florale (voyez Bractées, Bractéoles).

Feuilles primordiales, premières feuilles au-dessus des cotylédons.

Feuilles séminales, cotylédons qui se développent et apparaissent à la surface du sol.

Feuillets, lames qui doublent la partie inférieure du chapeau des Agarics.

Fibre, faisceau de fibrilles ou linéaments élémentaires qui constitue une sorte de tissu; — nervure des feuilles.

Fibre médiane, dorsale de feuille.

Fibreux (tissu), composé de fibres; — (racine) composée de ramifications grêles, allongées, presque simples.

Fibrilles, un des éléments des tissus ; — ramifications capillaires des racines constituant le chevelu.

Fide, fendu jusqu'à moitié.

Filet, partie de l'étamine qui porte l'anthère.

Filiforme, de la grosseur d'un fil.

Fimbrié, frangé.

Fistuleux, creux et cylindrique.

Flabelliforme, en éventail.

Flagelliforme, en fouet.

Flèche, branche ou jet terminal d'un arbre.

Fléchi, courbé.

Fleur, assemblage des organes sexuels des plantes, ordinairement protégé par des enveloppes.

Fleuraison, époque de l'épanouissement des fleurs.

Fleurette (voyez Fleuron et Demi-fleuron).

Fibre-médiane, dorsale de feuille.

Fleuron, fleur petite et régulière dont la réunion constitue un capitule.

Floconneux, couvert d'un duvet qui s'enlève en flocons.

Floraison (voyez fleuraison).

Flore, ouvrage qui décrit les plantes qui croissent dans un pays ; — (du latin), fleur.

Florifère, qui porte des fleurs ; — qui en porte beaucoup.

Flosculeux (capitule), composé seulement de fleurons.

Flottant (plante), enracinée au fond de l'eau et émettant des tiges et des feuilles qui flottent à la surface.

Fluviale ou Fluviatile (plante), qui végète dans les eaux courantes.

Foliacé, qui a la consistance de feuille.

Foliation (voyez Feuillaison).

Foliole, pièce articulée, d'une feuille composée ; — sépale, bractée.

Follicule, fruit sec, polysperme, déhiscent par le placenta.

Fondante (plante), qui éclaircit les humeurs et facilite leur circulation.

Fougueux, d'une consistance épaisse, élastique, analogue à celle des Champignons.

Fossette, dépression peu considérable, mais distincte.

Fovilla, liquide fécondateur contenu dans les grains du pollen.

Frange, membrane élastique et dentée, placée sous l'opercule des Mousses.

Fronde, feuillage des Fougères et des Hydrophytes.

Fructifère, qui porte des fruits ; — qui en porte beaucoup.

FRUCTIFICATION, ensemble des phénomènes qui produisent le fruit.

FRUIT, carpelle fécondé et qui a pris accroissement.

FRUSTRANÉ, inutile.

FRUTESCENT (tige), de consistance ligneuse, appartenant aux arbrisseaux.

FRUTICULEUX (tige), de consistance ligneuse, appartenant aux arbustes.

FRUTIQUEUX (voyez frutescent).

FUGACE, qui tombe peu après son apparition.

FUNICULE, axe, support particulier d'une graine.

FURFURACÉ, couvert d'une poussière blanche.

FUSIFORME, en forme de fuseau.

G

GAINE, base de certaines feuilles qui enveloppe l'axe qui les produit.

GALÉIFORME, en casque.

GALLE, excroissance produite par la piqûre d'un insecte sur la surface des végétaux.

GAMO (du grec), uni, soudé.

GAMOPÉTALE, à pétales unis.

GAMOSÉPALE, à sépales unis.

GAMOSTÉMONE, à étamines unies.

GAZONNANT (souche), dont les parties sont déliées et rapprochées comme un gazon plus ou moins épais.

GÉMINÉ (feuilles, fleurs, etc.), rapprochées deux à deux.

GEMME (voyez bourgeon).

GEMMIPARE, qui porte des bourgeons.

GEMMULE, premier bourgeon de l'embryon.

GÈNE (du grec), naissance.

GÉNÉRATION, production; — propagation des êtres vivants.

GÉNÉRIQUE (caractère), qui appartient au genre.

GÉNICULÉ, fléchi en genou par un nœud.

GENRE, groupe d'un certain nombre d'espèces.

GERME, rudiment d'un nouvel être, bourgeon, carpelle, graine.

GERMINATION, phénomènes que présente une graine lorsqu'elle se développe pour produire un nouvel être.

GIBBEUX, relevé en bosse.

GLABRE (surface), sans poils ni glandes.

GLABRIUSCULE , presque glabre.

GLADIÉ , en glaive à deux tranchants.

GLAND , fruit monosperme, uniloculaire par avortement, placé sur une cupule.

GLANDE, organe particulier, naissant sur diverses parties des végétaux et sécrétant ordinairement un suc propre.

GLAUCESCENT , presque glauque.

GLAUQUE , de couleur vert bleuâtre ; — poussière de nature cireuse qui couvre certains organes.

GLOBULAIRE (glande), sphérique.

GLOCHIDIÉ (poil), terminé en crochet.

GLOMÉRULE , aggrégation irrégulière et serrée de fleurs , de fruits.

GLOSSOLOGIE, ensemble des termes consacrés en botanique.

GLUMES , les deux bractées à la base d'un épillet de graminées.

GLUMELLES , les sépales qui forment l'enveloppe extérieure de la fleur des graminées.

GLUMELLULES , les deux pétales très petits qui forment l'enveloppe intérieure de la fleur des graminées.

GLUTINEUX , gluant , visqueux.

GONGYLES (voyez Spore).

GORGE , orifice du tube d'un calice ou d'une corolle.

GOUSSE , fruit sec , polysperme, déhiscent par le placenta et par la dorsale.

GRAINE , rudiment du végétal provenant d'une fleur.

GRANULE , spores de certaines algues.

GRANULÉ (racine), en chapelet.

GRANULEUX , couvert de petites saillies arrondies.

GRAPPE , inflorescence indéfinie , composée de fleurs pédicellées sur un pédoncule prolongé.

GRASSES (plantes), dont la tige et les feuilles sont d'une substance charnue et succulente.

GRAVÉOLENT , à odeur pénétrante.

GREFFE , réunion de deux parties végétales qui se soudent ; — accolement artificiel d'un bourgeon ou d'un rameau sur un autre individu.

GRENU (racine), composée de tubercules arrondis.

GRIFFES, espèces de crochets qui naissent sur les tiges de certaines plantes grimpantes ; — certaines racines fasciculées.

GRUMELÉ , divisé en petites masses arrondies.

GYMNO (du grec), nu , découvert.

GYMNOSPERME , à graine dépourvue de carpelle en apparence.

GYNE (du grec), femelle, carpelle.

GYNANDRE, carpelle soudé avec les étamines.

GYNÉCÉE, l'ensemble des carpelles d'une fleur.

GYNOBASIQUE (style), semblant naître de la base du carpe.

GYNOPHORE, thalame allongé, soulevant les carpelles.

GYNOSTÈME, corps formé par la soudure des étamines et des carpelles dans les orchidées.

H

HABITAT,
HABITATION, } patrie d'une plante.

HAMPE, pédoncule partant d'une tige très contractée et presque nulle.

HASTÉ, en forme de fer de hallebarde.

HÉLIOTROPE (fleur), qui se tourne vers le soleil.

HÉMI (du grec), moitié.

HEPTA (du grec), sept.

HERBE, plante tendre dont la tige ne vit qu'une année.

HERBIER, collection de plantes desséchées.

HÉRISSÉ, couvert de poils raides et non couchés.

HERMAPHRODITE (fleur), renfermant étamines et carpelles.

HÉTÉRO (du grec), différent, autre.

HEXA (du grec), six.

HIBERNACLE, bourgeon.

HILE, point d'attache de la graine au funicule.

HIPPOCRATÉRIFORME (corolle), en soucoupe.

HIRSUTE, hérissé.

HISPIDE, garni de poils raides.

HOMO (du grec), le même, semblable.

HUMIFUSE (tige), étalée sur terre.

HYBRIDE (plante), provenant de deux espèces différentes

HYDROPHYTE, plante qui croît dans l'eau.

HYGROSCOPICITÉ, force par laquelle le tissu végétal tend à absorber ou exhaler l'humidité.

HYPO (du grec), dessous.

HYPOGÉ (cotylédon), restant sous terre après la germination.

HYPOGYNE (étamine), placée libre au-dessous des carpelles.

Ico (du grec), vingt.

Imbricatif (préfloraison), à feuilles insérées en spirales et se recouvrant sur une partie de leur longueur.

Imbriqué, disposé en recouvrement, comme les tuiles d'un toit.

Immergé, qui reste plongé dans l'eau ou toute autre substance.

Imparipenné (feuille), pennée avec une foliole impaire terminale.

In (du grec), non.

Incane, blanchâtre.

Incisé, découpé.

Inclus, ne s'élevant pas au-dessus des parties environnantes.

Incombant (cotylédon), appliqué par le dos contre la radicule.

Incomplet (fleur), n'ayant pas toutes ses parties.

Indéfini (inflorescence), dont les fleurs s'épanouissent de la base au sommet ou de la circonférence au centre du groupe.

Indéhiscent (anthère, fruit), ne s'ouvrant pas.

Indéterminé (inflorescence), indéfinie.

Indigène (plante), qui croît naturellement dans le pays que l'on habite.

Individu, un des êtres dont l'ensemble constitue l'espèce.

Induplicatif (préfloraison), à périanthe inséré en verticille et ayant le bord de ses parties contigu et saillant en dedans.

Indusie, membrane qui recouvre les groupes de spores des Fougères.

Induvie, enveloppe accessoire à un organe, persistante et accessible.

Inerme, sans épine ni aiguillon.

Infère (ovaire), adhérent au thalame creusé en coupe, c'est-à-dire ovaire paraissant situé au-dessous de la fleur.

Infléchi, renversé en avant.

Inflorescence, disposition qu'affectent les fleurs entr'elles sur une plante

Infundibuliforme (corolle), en entonnoir.

Insertion, point d'origine réel ou apparent d'un organe.

Introrse (déhiscence des anthères), du côté du centre de la fleur.

Intussusception, absorption interne par laquelle les végétaux se nourrissent.

Involucelle, collerette formée par des bractéoles enveloppant une ombelle partielle.

INVOLUCRE , assemblage de bractées qui entourent un groupe de fleurs.

INVOLUTÉ (préfoliation), à feuilles roulées en dedans de chaque côté.

IRRÉGULIER (calice, corolle, etc.), dont les parties ne sont pas toutes semblables ou du moins non symétriques.

IRRITABILITÉ, force vitale particulière qui détermine des mouvements.

Isos (du grec), égal.

J

JET , stolon , drageon ; — bourgeon développé.

JUGÉ (feuille composée) , à paires de folioles.

L

LABELLE , division inférieure du périanthe des orchidées.

LABIÉ (calice, corolle), à lèvres.

LACINIÉ , découpé inégalement en lanières allongées.

LACTESCENT , contenant un suc laiteux.

LACUNE , cavité aérienne dans les tissus.

LACUSTRE (plante), des lacs.

LAINEUX , couvert de poils longs, mous, couchés ou entre-croisés.

LAME , partie mince et dilatée des feuilles , sépales et pétales.

LAMELLES , les deux parties d'une lame séparées par une nervure dorsale.

LANCÉOLÉ , aplati et élargi au milieu comme un fer de lance.

LANGUETTE , demi-fleuron ou fleur irrégulière dans les composées.

LANUGINEUX , qui porte de la laine.

LAPPACÉ , hérissé de pointes courbées en hameçon.

LATÉRAL, de côté ; — (radicule), à côté de cotylédons accombants.

LATEX , suc propre.

LATI (du latin), large.

LATICIFÈRE , qui contient le latex.

LAXATIF (plante), qui lâche légèrement le ventre.

LAXIFLORE , à fleurs lâches.

LÉGUME , gousse ; — herbe potagère.

Lenticelle , tache sur la cuticule.

Liber , parties les plus intérieures de l'écorce.

Libre , sans union ni adhérence.

Ligneux , de consistance de bois.

Ligule , appendice à la base d'une feuille de graminées ; — demi-fleuron des composées.

Liguliflore (capitule), composé de fleurs en ligule.

Limbe , lame.

Linéaire , étroit, allongé et à bords parallèles.

Linguiforme , en forme de langue.

Lobe , partie d'un organe plan et divisé.

Loculaire (anthère, fruit), ayant des loges.

Loculicide (déhiscence), par le milieu·des loges.

Loge , cavité·des anthères , des fruits.

Lomentacé (gousse), divisée en loges par des articulations transversales.

Lucide , luisant.

Lymphatique (poil), non glanduleux ; — (vaisseaux), qui renferment des sucs aqueux.

Lyré (feuille), à sommet élargi et à côtés découpés en lobes plus petits et plus écartés inférieurement , en forme de lyre.

M

Macranthe , à grandes fleurs.

Macro (du grec), grand , gros.

Macrocéphale , à grosse tête.

Macrophylle , à grandes feuilles.

Macule , tache.

Main , vrille.

Marcescent , se desséchant sans tomber.

Marcotte , rameau assujetti en terre pour qu'il puisse prendre racine avant d'être séparé du pied mère.

Marécageux (plante), qui croît dans les marais.

Marge , bord.

Marginé , ayant une bordure.

Marin (plante), qui croît et vit dans la mer.

Maritime (plante), qui croît sur le bord de la mer.

Masse pollinique, agglomération de grains de pollen.

Maturation, phénomènes qui s'opèrent dans le fruit depuis la fécondation jusqu'à la maturité.

Maturité, état où arrivent les fruits ou les graines lorsqu'ils ont acquis leur développement complet.

Méat, petite lacune dans les tissus.

Médullaire, de moelle, qui a rapport à la moelle.

Membrane interne, endoderme.

Membraneux, qui a l'apparence d'une membrane mince, incolore, plus ou moins parcheminée.

Méricarpe, fruit partiel des ombellifères.

Mérithalle, intervalles qui séparent les feuilles disposées sur les tiges ou les rameaux.

Méso (du grec), au milieu.

Mésocarpe, partie intermédiaire du carpelle considéré dans son épaisseur.

Micro (du grec), petit.

Micropyle, petit trou placé sur le derme au point où aboutit intérieurement la radicule.

Moelle, amas utriculeux disposé dans le bois.

Moelle centrale, celle qui occupe le centre des tiges des dicotylédonées.

Moelle circulaire, celle qui tapisse intérieurement chaque nouvelle couche de bois.

Moelle rayonnante, celle qui rayonne du centre à la circonférence.

Monadelphe (androcée), dont toutes les étamines sont soudées en un faisceau.

Moniliforme, en chapelet.

Mono (du grec), un seul.

Monochlamidé (fleur), ayant une seule enveloppe.

Monocotylédoné (plante), ayant un seul cotylédon dans la graine.

Monoecie, groupe de plantes monoïques.

Monoïque, ayant les fleurs unisexuées mâles et femelles sur le même individu.

Monopétale (corolle), à pétales unis en une pièce.

Monosépale (calice), à sépales unis en une pièce.

Monosperme (fruit), à une graine.

Montagnard (plante), qui croît sur les montagnes.

Morphe (du grec), aspect.

MUCRONE , petite pointe droite et raide placée au sommet d'un organe.

MULTI (du latin), beaucoup, plusieurs.

MURIQUÉ , couvert de pointes courtes et élargies à la base.

MUTIQUE , sans arêtes ni pointes.

N

NAPIFORME , en forme de navet.

NARCOTIQUE (plante), qui provoque l'engourdissement léthargique.

NÉCESSAIRE (polygamie) , dans les capitules dont les fleurs centrales son mâles et celles de la circonférence femelles.

NECTAIRE , glande florale.

NERVATION , disposition des nervures dans les feuilles.

NERVÉ , à nervures très saillantes.

NERVURES , faisceaux de fibres répandus dans les organes expansionnaires.

NEUTRE (fleur), à organes sexuels avortés.

NOCTURNE (fleur), qui s'ouvre la nuit.

NODIFLORE , qui porte ses fleurs à ses nœuds.

NOEUD , renflement produit sur l'axe par l'entrecroisement des fibres et l'accumulation du tissu cellulaire.

NOEUD VITAL , collet.

NOMBRIL , hile.

NOMENCLATURE , connaissance des noms donnés aux diverses espèces de plantes

NOUÉ (fruit), fécondé.

NOUEUX , qui a des nœuds ou des articulations.

NOYAU , endocarpe osseux.

NU , privé des organes protecteurs.

NUCELLE , sac dans lequel se développe l'embryon après la fécondation.

NUCULAINE , fruit charnu provenant d'un ovaire supère et renfermant plusieurs noyaux.

NUCULE , noyau des nuculaines.

NUTANT , penché.

NUTRITION , fonction par laquelle les sucs absorbés sont convertis en la substance propre du végétal.

O

Ob (devant un adjectif), en sens inverse.

Oblong, trois ou quatre fois plus long que large.

Obtus, terminé par un bord arrondi.

Octo (du grec), huit.

Odontalgique, qui soulage des maux de dents.

Œcie (du grec), individu portant un seul sexe.

Œil, bourgeon ; — couronne qui surmonte les fruits infères.

Œilleton, rejet, drageon enraciné.

Oïde (en terminaison), ayant du rapport avec.

Oignon, bulbe.

Oléracé (herbe), dont on fait usage comme aliment.

Oligos (du grec), peu, en petit nombre.

Ombelle, inflorescence centripète composée de fleurs pédicellées au sommet de pédoncules contractés.

Ombellule, petite ombelle.

Ombilic, hile.

Ombiliqué, offrant une dépression en son centre.

Onglet, base rétrécie du pétale.

Onguiculé, ayant un onglet.

Opercule, petit couvercle qui ferme l'urne des Mousses.

Ophthalmique, qui guérit les maladies d'yeux.

Opposé, placé par paire en opposition, ou placé l'un devant l'autre.

Orbiculaire, en forme de cercle.

Oreillette, appendice ou prolongement en petite oreille.

Organe, partie du végétal destinée à des fonctions.

Organogénie, étude de l'origine des organes.

Organographie, description des organes.

Orthotrope (ovule), droit et dressé.

Ovaire partie inférieure des carpelles qui contient les ovules.

Ovale, qui a la forme présentée par la coupe longitudinale d'un œuf.

Ové, ayant la forme d'un œuf.

Ovule, graine non encore fécondée.

P

PAGE, surface d'une feuille.

PAILLETTE, lame accessoire mince, étroite, ordinairement sèche.

PALAIS, face interne de la lèvre supérieure d'une corolle irrégulière gamopétale.

PALÉACÉ, garni de paillettes.

PALÉOLE, glumellule.

PALMATI (du latin), disposé comme les doigts d'une main.

PALMÉ (feuille), composée de folioles disposées comme les doigts d'une main.

PALMI (du latin), disposé comme les doigts d'une main.

PANACÉE, qui guérit toutes sortes de maux.

PANACHÉ, présentant diverses couleurs sans ordre.

PANDURIFORME (feuille), rétrécie au milieu, en violon.

PANICULE, sorte de grappe à ramifications allongées.

PAPILLAIRE (glande), groupée en papilles.

PAPILLES, protubérances petites, molles et serrées.

PAPILLONACÉ (corolle), irrégulière, en forme de papillon.

PAPPIFORME, en forme d'aigrette.

PARASITE, qui vit sur d'autres végétaux.

PARENCHYME, tissu utriculeux le plus souvent vert.

PARIÉTAL, qui tient aux parois.

PARIPENNÉ (feuille), à folioles pennées sans impaire.

PAROI, face interne des carpelles.

PARTI,
PARTITE, } divisé presque jusqu'à la base.

PATTES, griffes.

PAUCI (du latin), peu, en petit nombre.

PECTINÉ, à division sur deux rangs, comme les dents d'un peigne.

PÉDALÉ,
PÉLATI, } (feuille), en pédale; à 2 divisions écartées et portant des lobes ou folioles sur leurs côtés internes.

PÉDICELLE, support d'une fleur.

PÉDICULE, petit support de glande.

PÉDONCULE, support d'un groupe de fleurs.

PELTÉ (feuille), dont le pétiole est inséré au milieu de la lame, en bouclier.

PENDANT, tombant verticalement.

PENNATI (du latin), disposé comme les barbes d'une plume.

PENNÉ (feuille), à folioles disposées comme les barbes d'une plume.

PENNICILLÉ, en forme de pinceau.

PENTA (du grec), sept.

PEPIN, graine des pomacées.

PERFOLIÉ (feuilles), opposées et soudées l'une à l'autre par leur base.

PÉRI (du grec), autour.

PÉRIANTHE, enveloppe de la fleur.

PÉRICARPE, tout ce qui dans le fruit n'est pas la graine.

PÉRICLINE, involucre.

PÉRIDION, conceptacle.

PÉRIGONE, périanthe.

PÉRIGYNE, inséré sur la face interne du calice, au-dessus du point d'attache
de l'ovaire.

PÉRISPERME, albumen.

PÉRISPORANGE, indusie.

PÉRISTOME, ensemble des dents qui couronnent l'urne des Mousses.

PERSISTANT, dont la durée se prolonge au-delà de l'époque qui semble
fixée pour la chute.

PERSONNÉ (corolle), gamopétale à 2 lèvres, à gorge dilatée et close par le
renflement des lèvres.

PÉTALE, une des parties de la corolle.

PÉTALOÏDE, à couleur de pétale.

PÉTIOLE, queue de la feuille.

PÉTIOLULE, queue d'une foliole.

PÉHANROGAME (plante), dont les organes sexuels sont apparents.

PHORANTHE, réceptacle.

PHYLLE (du grec), feuille.

PHYLLODE, pétiole dilaté en forme de lame de feuille qui est absente.

PHYTOGRAPHIE, description des plantes.

PILIFÈRE, qui porte des poils.

PILOSITÉ, présence des poils.

PINNÉ, penné.

PINNULE, lobes des frondes des Fougères.

PIQUANT, épine, aiguillon.

PISTIL, organe sexuel femelle, carpelle.

PIVOTANT, vertical sans divisions.

PLACENTA, } support général des ovules ou des graines.
PLACENTAIRE,

PLACENTATION, disposition des placentas dans les carpelles.

PLANTULE, embryon commençant à se développer.

PLATEAU, axe contracté d'une bulbe.

PLEIN, sans cavité; (fleur), double.

PLEURO (du grec), de côté.

PLICATIF (préfloraison), à parties du périanthe pliées longitudinalement.

PLISSÉ (préfoliation), en éventail.

PLUMEUX, en forme de plume.

PLURI (du latin), plusieurs, beaucoup.

PODOS (du grec), pied.

PODOGYNE, protubérance du thalame qui soulève le gynécée d'une fleur.

PODOSPERME, funicule.

POIL, organe filamenteux, délié, souple, sur la surface des végétaux.

POILU, couvert de poils longs, soyeux et pas trop abondants.

POLLEN, poussière fécondante, renfermée dans l'anthère.

POLY (du grec), plusieurs, beaucoup.

POLYADELPHE (étamines), soudées en plusieurs faisceaux.

POLYGAME, qui porte à la fois des fleurs unisexuées et bisexuées.

POLYPÉTALE, à plusieurs pétales libres.

POLYSÉPALE, à plusieurs sépales libres.

POLYSPERME, à plusieurs graines.

PONCTUÉ, marqué de petits points, de petites taches.

PORE, très petit orifice placé sur la cuticule.

POREUX, percé de pores.

PORT, aspect que présente une plante.

PRÉ (du latin), avant.

PRÉFLORAISON, disposition qu'affectent les diverses parties de la fleur avant
son épanouissement.

PRÉFOLIATION, disposition des feuilles dans le bourgeon.

PRIMINE, enveloppe extérieure du nucelle.

PRIMORDIAL (feuilles), les premières au-dessus des cotylédons.

PROCOMBANT (tige), couché sur terre sans émettre des racines.

PROSENCHYME, tissu fibreux.

PROTÉIFORME, sujet à de nombreuses variations.

PSEUDO (du grec), faux.

PTÈRE (du grec), aile.

PUBESCENCE, présence de poils.

Pubescent, couvert de poils mous, courts, qui imitent le duvet.

Pulpe, chair des fruits.

Pulvérulent, couvert de poussière, ou d'un duvet si court qu'il offre le même aspect que la poussière.

Pulviné, sillonné.

Purgatif, qui provoque des évacuations d'humeurs.

Pycno (du grec), épais.

Pyriforme, en forme de poire.

Pyxide, fruit sec, polysperme, s'ouvrant en boîte à savonnette.

Q

Quadri (du latin), quatre.

Quaternaire (nombre), par quatre.

Quinaire (nombre), par cinq.

Quinconcial (préfloraison), lorsque, les parties etant au nombre de cinq, il y en a deux extérieures, deux intérieures et une qui recouvre les intérieures d'un côté et est recouverte de l'autre par les extérieures.

Quiné,
Quinqué, } (du latin), cinq.
Quinti,

R

Race, variété permanente par les graines.

Rachis, axe des épis; — pétiole des frondes des Fougères; — pétiole des feuilles composées.

Racine, axe descendant, en opposition avec la tige.

Radical, qui naît de la racine ou près de la racine.

Radicant, émettant des racines adventives.

Radicelle, division filiforme de la racine.

Radicule, racine de l'embryon.

Radié, disposé en rayon; — capitule à fleurs centrales tubuleuses, à fleurs extérieures en languettes.

Rafle, rachis d'un épi.

Ramaire,
Raméal, } qui naît sur les rameaux.

Rameau, division de la tige.

Rameux, qui produit beaucoup de rameaux.

Ramilles, dernières et fines divisions des rameaux.

Rampant (tige), couchée sur terre et s'enracinant çà et là.

Raphé, prolongement de l'axe qui va du hile à la chalaze dans la graine.

Raphides, petites aiguilles dans les tissus lâches.

Rapiforme, en forme de rave.

Rayon, fleur extérieure des capitules radiés.

Réceptacle, lit de plusieurs fleurs sessiles.

Récliné, réfléchi, fléchi en dehors ; — (préfoliation), à feuilles pliées transversalement en deux moitiés.

Reclus (embryon), renfermé dans l'albumen.

Recti (du latin), droit.

Rectifibré, à nervures parallèles.

Réduplicatif (préfloraison), à pièces insérées en verticille et dont les bords contigus saillent en dehors.

Régime, épi de fruits des palmiers.

Régulier, dont les parties sont égales et symétriques.

Rejet, stolon, drageon.

Rejeton, jeune pousse dressée, partant de la base de la tige.

Réniforme, en forme de reins.

Répliqué (préfoliation), en feuilles pliées en deux transversalement.

Reproduction, moyen de multiplication.

Résolutif, qui détourne les humeurs et les déplace.

Résupiné, renversé.

Réticulé, couvert de lignes entre-croisées, en forme de réseau.

Rétinacle, point d'attache des masses polliniques dans les orchidées.

Rétus, obtus et presque échancré.

Révoluté (préfoliation), à feuilles roulées en dehors de chaque côté.

Rhize (du grec), racine.

Rhizome, tige souterraine, horizontale, garnie de radicelles.

Rhomboïdale, en losange.

Roncineé (feuille), pennatilobée à lobes inclinés vers la base de la feuille.

Rongé, à divisions tellement inégales qu'elles semblent avoir été rongées.

Rosacé (corolle), à cinq pétales libres, étalés et à courts onglets.

Rostré, allongé en bec.

ROTACÉ, très étalé en roue.

RUBÉFIANT.

RUDE, marqué d'aspérités.

RUDÉRAL, qui vient dans les décombres.

RUDIMENTAIRE, presque avorté.

RUGUEUX, ridé.

RUPTILE, qui se brise facilement.

S

SAC (embryonnaire), partie de l'ovule dans laquelle se développe le jeune embryon.

SAGITTÉ, en forme de fer de flèche.

SAMARE, sorte d'akène ailé.

SARCO (du grec), chair charnu.

SARCOCARPE, mésocarpe charnu.

SARMENT, tige ligneuse et grimpante.

SAXATILE, qui croît sur les rochers.

SCABRE, rude au toucher.

SCAPE, hampe.

SCARIEUX, mince, sec, transparent, comme une écaille.

SCION, bourgeon ligneux se développant pendant l'année.

SCORBUTIQUE (anti), qui guérit le scorbut.

SCORPIOÏDE, contourné en queue de scorpion.

SCROFULEUX (anti), qui guérit les écrouelles en purifiant le sang.

SCUTELLIFORME, large et arrondi en bouclier.

SCYATHIFORME, en écuelle.

SECONDINE, enveloppe intérieure du nucelle.

SÉCRÉTION, acte de la vie qui rejette une substance après l'avoir séparée d'une autre

SEGMENT, portion d'un organe.

SEMENCE, graine.

SEMI, moitié.

SEMI ÉQUITANT (préfoliation), à feuilles condupliquées et dont les demi-lames s'engagent les unes entre les autres.

SEMIFLOSCULEUX (capitule), composé de fleurs toutes en languette.

SÉMINAL (feuilles), cotylédons épigés et verdissants.

SÉMINIFÈRE, qui porte des graines.

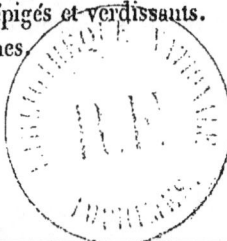

SÉPALE , partie du calice.

SÉPALOÏDE , de nature de sépale.

SEPTEM (du latin), sept.

SEPTICIDE (déhiscence de fruit), par les cloisons qui se séparent en deux lames.

SEPTIFÈRE , qui porte des cloisons.

SEPTIFORME (placenta), formant cloison.

SEPTIFRAGE (déhiscence de fruit), près des cloisons qui restent entières.

SÉQUÉ , lacinié.

SERRÉ , dentelé.

SERRULÉ , denticulé.

SERTULE , ombelle simple, bouquet.

SESSILE , privé de son support ordinaire.

SÉTACÉ , menu et raide comme une soie de porc.

SÉTEUX ,
SÉTIGÈRE , } qui porte des soies.

SÈVE , sucs aqueux absorbés par les végétaux.

SEX (du latin), six.

SEXE , appareil d'organe qui servent à féconder un nouvel être.

SIGNES :

☉	annuel.	?	doute.
☻	bisanuuel.	∞	nombreux.
♃	vivace.	C. C. C.	extrêmement commun.
♄	ligneux.	C. C.	très commun.
♂	plante mâle.	C.	commun.
♀	plante femelle.	A. C.	assez commun.
☿	fleur hermaphrodite.	A. R.	assez rare.
○=	radicule latérale	R.	rare.
○‖	radicule dorsale.	R. R.	très rare.
⬯➤	cotylédons condupliqués,	R. R. R.	extrêmement rare.
!	certitude.		

SILICULE, silique dont la longueur n'atteint pas quatre fois sa largeur.

SILICULEUX, qui porte des silicules.

SILIQUE, fruit sec, biloculaire, déhiscent par les deux placentas pariétaux.

SILIQUEUX, qui porte des siliques.

SIMPLE, qui n'est pas composé ; — (feuille), dont les parties ne sont pas séparées par des articulations ; — (fleur), non pleine ; — (tige), non rameuse ; — (périanthe), non double.

SINUÉ (feuille), à bords munis d'échancrures et de saillies arrondies assez amples.

SINUEUX , peu profondément sinué.

Sinus, angle rentrant.

Sobole, rudiment quelconque d'un nouveau sujet.

Soie, poil long et raide.

Sommeil, disposition particulière de feuilles, fleurs, etc., pendant la nuit.

Sore, paquet de spores dans les fougères.

Souche, tige courte, souterraine, non horizontale.

Sous-arbrisseau, arbuste.

Sous-ligneux (tige), ligneuse à la base, herbacée au sommet.

Sous-yeux, bourgeons qui naissent au-dessous ou à côté de ceux déjà formés.

Soyeux, couvert de poi's mous, couchés et luisants.

Spadice, deux épis superposés, l'un mâle, l'autre femelle, renfermés dans une spathe.

Spathe, bractée enveloppant totalement une inflorescence.

Spathelle, chacune des deux pièces qui composent la glume ; — glume.

Spathellule, chacune des deux pièces qui composent la glumelle ; — glumelle.

Spatulé, à sommet arrondi et élargi, à base rétrécie.

Sperme, graine.

Spermoderme, derme.

Spiciforme, en forme d'épi.

Spiculé, composé d'épillets.

Spinescent, presque épineux.

Spinifère, ayant des épines.

Spire, contour.

Spongieux, élastique comme une éponge.

Spongiole, extrémité des radicelles.

Spontané, croissant naturellement dans le pays que l'on habite.

Sporange, péricarpe des cryptogames.

Spore,
Sporule, } corpuscule reproducteur des cryptogames.

Sporidie, cavité qui renferme les sporules.

Squame, écaille.

Squarreux, couvert d'écailles raides en recouvrement.

Staminé,
Staminifère, } muni d'étamines.

Staminode, étamine avortée.

Station, lieux et nature du lieu où vit une plante spontanée.

Stémone (du grec), étamine.

STIGMATE, sommité du carpelle qui reçoit le pollen.

STIMULANT, qui dissipe l'atonie des fibres et la viscosité des humeurs.

STIPE, tige ligneuse d'une monocotylédonée.

STIPELLE, petit appendice à la base des folioles.

STIPITÉ, qui a un petit support.

STIPULE, appendice foliacé à la base des feuilles.

STOLON, tige rampante qui s'enracine de distance en distance.

STOMACHIQUE, qui facilite la digestion.

STOMATE, pore évaporatoire sur la cuticule.

STRIES, petits sillons parallèles.

STROBILE, cône.

STYLE, partie du carpelle intermédiaire entre le carpe et le stigmate.

STYLOPODE, organe particulier qui sert de base à certains styles.

SUB (du latin), presque.

SUBÉREUX, élastique et poreux comme du liége.

SUBMERGÉ, entièrement plongé dans l'eau.

SUBULÉ, linéaire et rétréci en alène.

SUCCION, acte par lequel les végétaux attirent les sucs du sol.

SUC PROPRE, liquide particulier renfermé dans des réservoirs spéciaux.

SUCCULENT, gorgé de sucs.

SUÇOIRS, sorte de crampons des végétaux parasites ou faux parasites.

SUDORIFIQUE, qui provoque la sueur.

SUFFRUTESCENT (tige), ligneuse à la base, mais dépourvue de bourgeons axillaires.

SUPER (du latin), au-dessus.

SUPÈRE (ovaire), supérieur et libre.

SUPERPOSITIF (préfloraison), à divisions du périanthe pliées ou ployées transversalement.

SUPERVOLUTIF (préfoliation), convolutée.

SURDÉCOMPOSÉ (feuille), à pétiolules tertiaires.

SUTURE, soudure.

SYM, SYN, (du grec), uni ou adhérent.

SYNANTHÉRÉ, SYNGÉNÈSE, à anthères soudées en cornet.

SYNONYME, mot qui a la même signification.

T

TABLIER, labelle.

TAXONOMIE, étude des classifications établies sur les végétaux.

TEGMENS, écailles des bourgeons.

TÉGUMENT, organe qui enveloppe un autre.

TERNAIRE (nombre), par trois.

TERNÉ, disposé par trois.

TEST,
TESTA, } exoderme.

TETRA (du grec), quatre.

TETRADYNAME (fleur), à six étamines, dont quatre sont plus grandes.

THALAME, lit des organes d'une fleur.

THALLE, expansion crustacée, foliacée ou filamenteuse, qui supporte l'apothécie des lichens.

THÈQUE, urne des mousses.

THYRSE, grappe composée, élargie au milieu, rétrécie à la base et au sommet.

TIGE, axe principal ascendant.

TIGELLE, petite tige; — tige dans l'embryon.

TISSU, assemblage d'organes élémentaires.

TOMENTEUX, couvert de poils courts et entrelacés.

TORSIF (préfloraison), à parties du périanthe insérées en verticille et s'imbriquant en cercle, chacune recouvrant d'un côté la voisine et recouverte de l'autre.

TORUS, thalame.

TRAÇANT, rampant.

TRACHÉE, fibrille se déroulant en spirale.

TRAPÉSIFORME (surface), à quatre côtés, dont deux ne sont pas parallèles.

TRI (du grec), trois.

TRIQUÈTRE (tige), à trois angles.

TRONC, tige d'arbre dicotylédoné.

TROPHOSPERME, placenta.

TUBE, partie cylindrique et creux.

TUBERCULE, tige souterraine renflée; — excroissance qui survient sur diverses parties du végétal.

TUBERCULÉ, à petits tubercules.

TUBERCULEUX, à tubercules.

TUBÉREUX, en forme de tubercule.

TUBULEUX, en tube.

TUNIQUE, enveloppe circulaire.

TURBINÉ, en forme de toupie.

TURION, bourgeon des plantes vivaces se développant du collet.

U

Unciforme, en forme d'ongle crochu.

Unciné, terminé en pointe crochue.

Uni (surface), sans inégalité; — soudé avec un autre organe de même nom; — (du latin) un.

Union, soudure entre organes de même nom.

Urcéole, utricule des Laiches.

Urcéolé, sphérique et creux.

Urne, sporidie des mousses.

Utriculaire, renflé comme une outre.

Utricule, organe élémentaire constitutif des tissus; — urcéole.

Utriculeux, formé d'utricules.

V

Vaginant, en gaîne.

Vaisseau, tube allongé qui contient le suc propre; — fibres.

Vallécule, dépression longitudinale sur le fruit des ombellifères.

Valve, pièce d'un fruit déhiscent; — glumes, glumelles.

Valvaire (préfloraison), à pièces du périanthe disposées en verticille et s'affleurant par leurs bords.

Variation, individu présentant des changements légers et inconstants.

Variété, individu ou groupe d'individus présentant des changements plus constants, plus notables, et pouvant se reproduire par les graines.

Vasculaire, composé ou contenant des vaisseaux.

Végétal, être vivant, privé de sensibilité et de locomobilité.

Végétation, vie végétale; — aspect que présente l'assemblage des plantes d'un lieu.

Veine, nervure.

Velouté, couvert de poils serrés, courts, doux et droits.

Velu, garni de poils mous, nombreux et couchés.

Verruqueux, couvert de verrues ou d'aspérités.

VERTICILLE, plan d'insertion de plus de deux organes en regard.

VÉSICULE, sorte de lacune remplie d'air se présentant dans quelques végétaux aquatiques.

VÉSICULEUX, gonflé en vessie.

VIRESCENT, verdoyant.

VISQUEUX, gluant.

VIVACE, herbacé et vivant indéfiniment.

VIVIPARE, portant des bulbilles à la place des graines ou des bourgeons,
ou portant, à la place des organes sexuels, des bourgeons qui se
développent.

VOLUBILE, qui s'enroule.

VOLVA, enveloppe qui recouvre la tête de quelques champignons.

VRILLE, dégénérescence d'organes qui deviennent filiformes et volubiles.

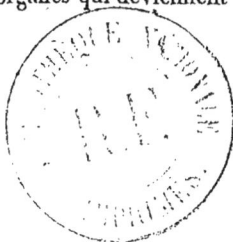

Lyon. — Imp. NIGON, rue de la Poulaillerie, 2. Gallet. suc.

www.ingramcontent.com/pod-product-compliance
Lightning Source LLC
Chambersburg PA
CBHW071506200326
41519CB00019B/5885